SECOND
DISCOURS
SUR LES AVANTAGES
DES SCIENCES
ET DES ARTS;

*Par M. B*** de l'Académie des Sciences & Belles-Lettres de Lyon.*

A AVIGNON,

Chez FRANÇOIS GIRARD.

Et se vend à Paris,

Chez PISSOT, Quay de Conty, à la Croix d'Or, à la Descente du Pont-Neuf.

M. DCC. LIII.

SECOND

DISCOURS

SUR

LES AVANTAGES

DES SCIENCES
ET DES ARTS.

E N'AVOIS regardé le premier Diſcours de M. Rouſſeau, que comme un paradoxe ingénieux , & c'eſt ſur ce ton que j'avois répondu. Sa dernière réponſe nous a dévoilé un ſyſtême décidé, qui m'a engagé dans un examen plus réfléchi de cette grande queſtion, de l'influence des Sciences & des Arts ſur les mœurs. L'importance de la matière , des détails plus aprofondis , quelques vues nouvelles

que je crois avoir découvertes, m'ex-
cuferont d'avoir traité un fujet déja
fi rebattu : il s'agit ici tout à la fois
de la Vertu & du Bonheur, les deux
points principaux de notre être ; que
ne doit - on pas entreprendre pour
achever de diffiper les nuages, qui
obfcurciffent encore la plus utile
vérité ?

Je commence par examiner les
effets de l'ignorance dans tous les
temps : je fais voir qu'elle n'a jamais
produit ni dû produire cette pureté
de mœurs fi exaggérée & fi vantée ,
& dont on fait un argument fi puiffant contre les Sciences : je lui op-
pofe enfuite les vices & la barbarie
des Peuples ignorans qui exiftent de
nos jours : de-là je paffe à l'examen
de ce que l'on doit entendre par ces
mots , *Vertu* & *Corruption* ; & je
finis par confidérer quels font leurs
raports avec les Arts & les Sciences,
que je juftifie contre tous les nouveaux reproches qu'on a ofé leur
faire : j'attaque fucceffivement toutes les preuves de mon adverfaire
à mefure qu'elles fe rencontrent fur

ma route , dans le plan que je me suis tracé , & je n'en laiſſe abſolument aucune ſans réponſe.

J E parcours d'abord les traditions des premiers ſiécles du monde ; ici je vois les hommes repréſentés comme d'heureux bergers gardant leurs troupeaux au ſein d'une paix profonde , & chantant leurs amours dans des prairies émaillées de fleurs ; là ce ſont des manières de monſtres diſputant les forêts & les cavernes aux animaux les plus ſauvages ; d'un côté je trouve les fictions des Poëtes , de l'autre les conjectures des Philoſophes : qui croirai-je, de l'imagination ou de la raiſon ?

QUELLE pouvoit être la vertu chez des hommes qui n'en avoient pas même l'idée , & qui manquoient de termes pour ſe la communiquer ? ou ſi leur innocence étoit un don de la nature , pourquoi nos enfans en ſont-ils privés ? Pourquoi leurs paſſions précédent-elles de ſi loin la raiſon , & leur enſeignent-elles le vice ſi naturellement , tandis qu'il faut tant d'art & de culture pour faire germer la vertu dans leurs ames ?

P. 86. de la Réponse de M. Rousseau, à Genéve, chez Barillot & Fils.

CET âge d'or dont on fait un point de foi, que l'on nous reproche si amérement de ne pas croire, étoit donc un temps de prodiges ; il ne manquoit plus que de couvrir la terre de moiſſons & de fruits, ſans que les hommes s'en mêlaſſent, & de faire couler des ruiſſeaux de miel & de lait : le miracle du bonheur des premiers hommes eſt auſſi croyable que celui de leurs vertus.

MAIS comment des traditions auſſi abſurdes avoient-elles pu acquerir quelque crédit ? elles flattoient la vanité, elles étoient propres à exciter l'émulation : les traditions les plus ſacrées de l'ignorançe étoient-elles plus raiſonnables ? Qu'on en juge par l'hiſtoire de ſes Dieux, l'objet du culte de tant de ſiécles & du mépris de tous les autres.

D'AILLEURS le préjugé de la dégradation perpétuelle de l'eſpèce humaine devoit être alors dans toute ſa

force ; rien n'étoit écrit, les connoiffances n'étoient que traditionelles ,
on manquoit d'objets de comparaifon pour s'inftruire , les livres n'en-
feignoient point à juger les hommes
par les hommes , un peuple par un
autre peuple , un fiécle par un autre fiécle : quelle devoit être alors
la fouveraineté d'une génération fur
l'autre , de celle qui donnoit tout ,
fur celle qui recevoit tout ? & dans
quelle progreffion le culte de la poftérité devoit-il s'augmenter à mefure
de l'éloignement ? on appella des
Dieux ceux que dans d'autres fiécles
ont eût à peine appellés des hommes :
les temps héroïques ont été depuis
plus juftement nommés les temps
fabuleux.

On demande quels pouvoient être *p. 86.*
les vices & les crimes des hommes
avant que ces noms affreux de *tien*
& de *mien* fuffent inventés; je demanderois plutôt quelle pouvoit être la
fureté de la vie & des biens avant l'e-
xiftence de ces noms facrés? car j'appelle facré ce qui eft la bafe de la foi &
de la paix de la Société , le principe

de l'induſtrie & de l'émulation : tous les droits étant égaux , les concurrences devoient être ſans fin : lorſque la Loi du plus fort étoit la ſeule, & avant qu'il y en eût d'autres pour fixer les propriétés acquiſes par le travail & l'induſtrie , & néceſſaires à chacun pour ſa ſubſiſtance , le droit de premier occupant & celui de bienſéance devoient être dans une guerre perpétuelle : la force & la crainte décidoient tout : un meilleur terrein, une expoſition plus agréable , une femme, armoient ſans ceſſe de nouveaux prétendans : l'habitant de la montagne aride , le poſſeſſeur des vallées fertiles étoient ennemis nés : le détail des ſujets de diviſions ne finiroit pas : les paſſions n'avoient qu'un petit nombre d'objets & n'en avoient que plus de vivacité : la pauvreté & le beſoin deſirent plus fortement que la cupidité & l'abondance : jamais un boiſſeau d'or n'a pu exciter autant de deſirs qu'un boiſſeau de glands en de certaines circonſtances.

Quelle que fût l'autorité paternelle

& celle de la vieilleſſe , ces liens d'une dépendance volontaire dûrent bientôt s'affoiblir en s'étendant & en ſe multipliant ; il ne fallut qu'un ſeul homme plus robuſte ou d'une imagination plus forte pour détruire cette félicité fragile ; les premières hiſtoires parlent ſans ceſſe de Géants qui n'avoient point d'autre profeſſion que le brigandage ; dans cette égalité & cette liberté ſauvage où tous ſont contre un & un ſeul contre tous, les contre-coups d'une première violence ont dû ſe multiplier à l'infini ; plus vous ſuppoſez l'homme indépendant & iſolé , plus vous livrez le foible au fort , & le vertueux au méchant.

L'EXPÉRIENCE confirme ces conjeɛtures : ſi ce premier état eût été celui de la vertu & du bonheur , comment eût-il changé ? S'il n'y avoit ni fraudes ni violences , d'où naquit l'idée des Loix & des Murailles ? Si les hommes ont été libres & égaux , comment ont-ils ceſſé de l'être ? La violence ſeule a pu changer leur condition, ou en les aſſujettiffant , ou en les mettant dans la néceffité de fe réunir fous des chefs pour lui réfifter : s'il y a eu un âge d'or , c'eft un beau fonge qui a duré bien peu d'inftans , & qui ne devoit pas durer davantage : en quelque état que l'on fuppofe les hommes , jamais les mœurs n'ont pu leur tenir lieu de Loix : c'eft une folie de prétendre qu'elles puiffent jamais être affez pures pour affoupir toutes les paffions , ou affez puiffantes pour les foumettre : j'ajouterai que mon opinion a pour elle l'autorité du monument hiftorique le plus ancien & le plus refpectable , quand même il ne feroit pas divin. (*)

(*) On m'accufe d'avoir avancé , que les hommes font méchans par leur nature , ce que je n'ai jamais penfé , & ce que je ne crois pas avoir dit ; j'ai fuppofé feulement qu'ils étoient fujets à des paffions , & que ces paffions devoient produire de grands defordres , lorfqu'il n'y avoit point de Loix pour leur impofer un frein : mon adverfaire penfe bien différemment ; toute fociété, tout Gouvernement lui paroît une fource de vices ; la propriété des héritages eft qualifiée d'*affreufe* ; la diftinction des Maîtres & des Efclaves ne produit felon lui que des hommes *cruels & brutaux, fripons & menteurs* ; l'inégalité des biens forme *des hommes abominables , une dépendance mutuelle nous*

p. 85.

p. 86.

LES HOMMES s'inftruifirent par leurs malheurs. Des mifères de l'égalité & de l'indépendance naquirent la fubordination politique & la puiffance civile : ici l'hiftoire commence à mériter quelque confiance ; elle eft fondée fur quelques faits ; mais, je le répéte encore, on ne peut trop fe défier de nos préjugés éternels en faveur de l'antiquité : à peine avonsnous commencé à en fecouer le joug dans ce fiécle , le premier qui foit un peu digne du nom de Philofophe.

JE ne fais point ufage des Traditions vagues qui nous font reftées fur quelques Peuples de l'antiquité : il eft aifé de donner de grandes idées d'une Nation , lorfqu'on ne fait que citer quelques-unes de fes Loix : c'eft

force tous à devenir fourbes, jaloux & traîtres : mais s'il n'a jamais été de fociété, & s'il n'en peut jamais être , fans ces diftinctions & cette dépendance , caufe néceffaire de tant de crimes, il me refte à lui demander où eft la vertu ? combattroit-il pour une Dame imaginaire ? n'auroit-elle exifté que dans cet âge d'or , qui lui infpire une Foi fi vive, ou parmi les Peuples de la Nigritie pour lefquels il paroît reffentir la plus tendre prédilection ?

par ſes actions ſeules qu'on peut la connoître : tous ces éloges de la vertu des anciens Crétois , de l'innocence des Scythes & des Perſes ſont ſans preuves dès qu'ils ſont ſans faits ; écrits à une longue diſtance de temps & de lieux , on y trouve les jugemens de l'ignorance ornés par l'imagination : cette pureté ſans mêlange dans de grands Peuples eſt faite pour être admirée , & non pour être crue ; on n'y reconnoît point la nature humaine ; ce ſont des Romans de vertu qui peuvent ſervir à l'édification des foibles , mais qui ne ſçauroient inſtruire les ſages.

LES Peuples les plus illuſtres parmi les Anciens , ont été les Grecs & les Romains ; ce ſont eux auſſi dont l'hiſtoire nous a conſervé les plus grands détails ; on prétend qu'ils furent d'abord ignorans & vertueux , & c'eſt leur exemple que l'on oppoſe principalement à nos mœurs actuelles : cependant dès les premiers temps où l'hiſtoire commence à ſe mêler avec la fable , lorſque la précieuſe ignorance des Grecs étoit encore dans toute fa pureté , nous ne trouvons que meurtres & violences : les Héros étoient des Chevaliers errans , qui n'étoient occupés qu'à maſſacrer des Brigands publics , à châtier des Peuples féditieux , à détrôner des Tyrans : chemin-faiſant ces demi-Dieux eux-mêmes uſurpoient les Couronnes , tuoient tout ce qui oſoit leur réſiſter , ſans autre droit que celui du plus fort , enlevoient les Femmes & les Filles , & rempliſſoient le monde d'une poſtérité fort équivoque : la force du corps faiſoit alors tout le mérite des Hommes , & la violence toutes leurs mœurs ; les Héros du ſiége de Troie vivoient durement , ne ſçavoient pas un mot de Philoſophie, & n'en étoient pas meilleurs : les Poëmes d'Homère ſont trop connus pour que je doive entrer dans des détails ; qu'on juge des mœurs de ces Peuples par leur Religion : quelles vertus auroit-on pu en attendre ? Ils s'étoient fait des Dieux pour tous les vices : la Religion, il eſt vrai , pouvoit beaucoup ſur leurs eſprits : les Barbares qu'ils étoient , lui ſacrifioient juſqu'à leurs enfans.

Les Villes & les Républiques flot‑
tèrent long temps entre l'Anarchie
& la Tyrannie , entre les crimes de
tous , & les crimes d'un seul : enfin
Lycurgue & Dracon furent les Ré‑
formateurs de Sparte & d'Athènes
qui devinrent les plus célébres Villes
du monde : la rigueur de leurs Loix
est une nouvelle preuve des malheurs
qui les avoient précédées ; jamais
ces Peuples ne s'y feroient soumis ,
si leurs misères ne les y avoient pré‑
parés & forcés : l'ignorance alors
diminua , & les vertus se perfection‑
nèrent ; sans ces deux Philosophes ,
qui sans doute n'étoient pas des
ignorans , les mœurs de ces deux
Républiques auroient vraisemblable‑
ment empiré toujours de plus en plus ,
car la corruption dans l'ignorance ne
connoît ni limites ni remédes : elle
est de tous les maux le plus incu‑
rable. *

(*) J'avois dit que *les mœurs & les Loix étoient la seule source du véritable héroïsme :* on répond ; *les Sciences n'y ont donc que faire :* p. 89. mais toutes les Loix de la Gréce , qui est le Peuple dont il s'agit ici , lui furent don‑ nées par des Sçavans & des Sages ; la Science qui produisit ces Loix , ne peut‑elle pas être

L'IRRUPTION de la Perse fit des Grecs un Peuple nouveau : les paſ-ſions particulières ſe réunirent contre le danger commun : tout fut Héros

appellée la ſource primitive de l'héroïſme des Grecs ?

On m'impute d'avoir dit que *les premiers Grecs étoient éclairés & ſçavans, puiſque des Philoſophes formèrent leurs mœurs & leur donnèrent des Loix*, & on ne manque pas de m'imputer toutes les conſéquences ridicules qu'il eſt poſſible de tirer de cette propoſition ; mais comme je ne l'ai point apperçue dans tout mon Diſcours, quoique je l'ai cherchée ſoigneuſement, je me crois diſpenſé de répondre juſqu'à ce qu'on me l'ait montrée.

J'ai placé Ariſtide & Socrate à côté de Miltiade & de Thémiſtocle : on répond ; *à côté ſi l'on veut, car que m'importe ? Cependant Miltiade, Ariſtide, Thémiſtocle, qui étoient des Héros, vivoient dans un temps ; Socrate & Platon qui étoient des Philoſophes, vivoient dans un autre.*

J'avoue que j'aurois pu dater les Olympiades où ces grands hommes ont commencé & fini d'exiſter, & prévenir par-là les petits ſcrupules chronologiques dont quelques Lecteurs pourroient être tourmentés ; mais n'étant queſtion dans le paſſage dont il s'agit, que de faire un tableau général de la gloire d'Athènes, j'avois cru que cette mince érudition y auroit été déplacée; j'ai placé Socrate à côté d'Ariſtide, comme on auroit pu faire dans une galerie de portraits où l'on auroit raſſemblé tous ceux des hommes illuſtres d'Athènes; il eſt très-vrai qu'en ce cas, les portraits d'Ariſtide & de Socrate ſe ſeroient trouvés à côté l'un de l'autre ; tout-au plus auroit-on placé entr'eux celui de Cimon.

& Citoyen : il n'y eut plus que des vertus, on n'eut pas le loifir d'avoir des vices : un fuccès inouï produifit une confiance qui ne l'étoit pas moins : c'étoit une yvreffe héroïque : les Grecs fe crurent invincibles , & ils le furent : ces vertus de paffage nées du danger , s'évanouïrent avec lui : la profpérité , comm'il arrive toujours , détendit ce puiffant reffort qui avoit remué toutes les ames : on voulut fe repofer dans la gloire : auffi-tôt chacun retourna à fes paffions enflammées par le bonheur : l'orgueil d'Athènes , la dureté de Sparte , la jaloufie & l'ambition de toutes deux , allumèrent une guerre fanglante , & également honteufe aux deux Peuples.

"DANS les plus beaux jours d'Athènes , on eft bien éloigné de trouver cette pureté de mœurs que le préjugé veut lui prêter ; ce Peuple étoit dès-lors vain , préfomptueux, léger , inconftant, divifé en autant de factions, qu'il y avoit de Citoyens qui cherchoient à s'élever ; la République portoit déjà dans fon fein

les

les vices que la prospérité ne fit que développer dans la suite.

Il n'y avoit que la corruption du plus grand nombre des Citoyens, qui eût pu faire supporter la tyrannie de Pisistrate & de ses fils : Thémistocle étoit ardent, jaloux, ennemi né de tout Citoyen vertueux ; son faste & son ambition pilloient & déchiroient la Patrie sauvée par son courage : Aristide étant employé au maniement des deniers publics, n'étoit environné que de collégues infidéles ; Thémistocle lui-même enrichi à force de rapines poussa la scéleratesse au point de l'accuser de malversation, & parvint à faire condamner à force de brigues & de cabales le plus honnête homme de la République. Le même Aristide fut banni ensuite par un Peuple las de l'entendre appeller le Juste : il méritoit en effet ce titre par ses vertus privées, quoiqu'il ne portât pas le même scrupule dans les affaires publiques, & qu'il ne craignît pas de faire passer un décret, en disant, *il n'est pas juste, mais il est utile.* Les Héros de Marathon &

de Platée redevenoient des hommes
à Athènes : toutes les voies de la
féduction étoient employées par ceux
qui vouloient gouverner ; il falloit
plaire au Peuple , & on ne lui plai-
foit qu'en le corrompant. Quels vices
ne doivent pas naître dans une multitude victorieufe , fouveraine , &
toujours flattée ? Tous les extrêmes
fe rapprochent dans la Démocratie :
un Peuple Roi peut avoir des accès
d'héroïfme , mais c'eft par fa nature
un terrible monftre.

SPARTE, ce grand boulevard de
nos adverfaires, dont ils prétendent
nous faire tant de peur , a fait l'admiration de la politique , mais elle
n'a jamais eu l'approbation de la
morale ; Platon , Ariftote , & Polibe
ont reproché à Lycurgue que fes
Loix étoient plus propres à rendre
les hommes vaillans , qu'à les rendre
juftes. La politique des Lacédémo-
niens dans la guerre du Péloponnèfe
fut tour-à-tour lâche & cruelle ; ils
recherchèrent baffement l'alliance de
la Perfe ; vils courtifans des Satra-
pes d'Afie , ils maffacroient fans pitié

les prifonniers Grecs , & finirent par
en égorger trois mille après la bataille
d'Ægos-Potamos , au moment même
où Athènes périffoit & n'avoit plus
de défenfe contr'eux. Les Spartiates
ont eu peu de vices , mais ils manquoient de beaucoup de vertus ; ils
devoient être & ils étoient en effet
les meilleurs foldats de la Gréce ,
mais ils n'étoient que des foldats.
Pour éviter une extrémité , ils n'a-
voient trouvé de fecret que de fe
précipiter dans l'autre : ils fe garan-
tiffoient de la volupté par la malpro-
preté , du luxe par la mifère , de l'in-
tempérance par une auftérité féroce.

Le crime de l'incontinence n'étoit
pas connu à Sparte , mais on avoit
le droit d'enlever la fille que l'on ai-
moit ; on empruntoit la femme dont
on avoit envie , & les Dames de La-
cédémone employoient leurs efclaves pour faire des fujets à la République , lorfque leurs maris étoient
trop long-temps à la guerre : on avoit
prévenu les fureurs de la jaloufie en
permettant l'adultère ; l'honnêteté &
la pudeur ne pouvoient jamais être

violées, puisqu'on les avoit bannies ?
l'habillement des femmes laissoit voir
leurs cuisses découvertes; elles étoient
obligées de danser & de lutter toutes nues, avec les jeunes gens aussi
tout nus dans les Fêtes publiques :
avec de pareils spectacles on conçoit
sans peine que Sparte a dû mépriser
ceux d'Euripide & de Sophocle ; l'a-
mitié même des jeunes gens entre
eux étoit si singuliérement favorisée
par les loix, qu'on n'imagine point
qu'elle pût se conserver innocente :
Xénophon convient de la mauvaise
idée qu'on en avoit, & n'ose en entreprendre la justification.

Les enfans d'une constitution foible & délicate , étoient précipités
par des Barbares qui ne voyoient
dans l'homme que le corps, & qui
plaçoient toute leur ame dans leurs
bras : ce Législateur qui partagea les
biens avec une si scrupuleuse égalité,
par un contraste monstrueux, établit
entre les hommes même la plus barbare inégalité qui fût jamais ; son
Peuple fut divisé en maîtres & en
esclaves ; il imposa aux premiers

pour diſtinction , une oiſiveté inviolable, & ne leur permit aucun autre Art que celui de verſer le ſang de leurs ennemis ; les autres dégradés de leur être furent livrés à tous les caprices d'inhumanité de ceux que la nature avoit fait leurs égaux, mais que la Loi rendoit maîtres de leur vie.

Enfin Lycurgue avoit eu tant d'attention à prévenir toute eſpèce de cupidité, qu'ayant banni l'or & l'argent & tous les meubles de prix, il autoriſa le vol des alimens , les ſeules choſes volables qui reſtaſſent dans ſa ville. Ce Peuple conſerva fidélement ſes Loix pendant une longue ſuite d'années : je demanderois volontiers, que pouvoit-il faire de mieux ? elles avoient calmé habilement toutes les paſſions , mais c'étoit en les ſatisfaiſant, & détruit la plûpart des vices , en leur donnant ſimplement le nom de Vertus : ceux même auxquels notre miſérable corruption n'a pu atteindre, & dont elle a la foibleſſe d'avoir horreur, étoient impoſés comme des devoirs d'habitude : telles font les mœurs qui excitent l'admiration & les regrets de nos adverfaires ; telles font les armes avec lefquelles ils croient nous terraffer. (*)

Si nous confidérons Rome à fa fondation , elle ne fut d'abord compofée que de brigands qui n'étoient pourtant ni Artiftes ni Philofophes ;

(*) J'ai dit que fi tous les états de la Gréce avoient fuivi les mêmes Loix que Sparte , le fruit des talens & des travaux de fes grands hommes , & l'exemple & l'émulation de leurs vertus , euffent été perdus pour la poftérité , & qu'enfin le monde fans le fecours des Arts & des Sciences , feroit demeuré dans une enfance éternelle.

Un raifonnement fi évident ne pouvoit être réfuté ; on a voulu le rendre ridicule : on a fuppofé pour cela que dans mes principes , *la Vertu n'étoit bonne qu'à faire du bruit dans le monde , qu'il ne ferviroit de rien d'être gens de bien fi* P. 99. *perfonne n'en parloit après que nous ne ferons plus , & qu'enfin fi l'on ne célébroit les grands hommes , il feroit inutile de l'être.*

Oui , il feroit inutile à la poftérité que de grandes vertus euffent exifté , fi le fouvenir n'en eût été confervé jufqu'à elle ; c'eft ce que j'ai dit , & ce que je perfifte à dire ; mais que la vertu foit inutile à ceux mêmes qui la pratiquent , fi elle ne fait du bruit & fi elle n'eft célébrée , c'eft ce que je n'ai jamais ni penfé ni dit , & c'eft pourtant ce qu'on me fait dire par la bouche d'un Lacédémonien mal inftruit de l'état de la queftion.

fept Rois de fuite leur donnèrent des Loix ; pendant plus de deux siécles ce Peuple n'eut rien de bien distingué ; Romulus tua son frère & fut à son tour massacré par le Sénat ; Tarquin l'ancien périt par les coups des fils d'Ancus, fur lefquels il avoit ufurpé la Couronne ; la fille de Servius Tullius, unie à Tarquin par un double adultère & un double affaffinat, fit paffer fon char fur le corps de fon Père égorgé par fes ordres ; on connoît la tyrannie de Tarquin, & le forfait de fon fils : de grands crimes font ce qu'il y a de plus mémorable dans ces premiers fiécles.

Ou étoit donc alors cette pureté de mœurs fi fûrement enfantée par l'ignorance ? Rome irritée chaffa Tarquin : il fallut combattre longtemps, & ce ne fut qu'à force de courage qu'elle vint à bout de fe délivrer d'un Tyran qui l'eût punie par le fer & le feu, s'il eût été vainqueur. L'extrême valeur naquit de l'extrême danger. Les Romains, Peuple jufqu'alors affez commun, devinrent des Héros , parce qu'il

B iv

fallut périr ou l'être : Numance &
Sagunte ont eu le malheur de fuc-
comber avec autant d'opiniâtreté &
de courage : le fuccès juftifia & éleva
les Romains : de ces circonftances
fingulières fe forma en eux cet amour
de la Patrie , Fanatifme héroïque
qu'ils ont porté plus loin qu'aucun
autre Peuple du monde , & qui nous
fait tant d'illufion fur leurs autres
qualités.

Les commencemens de la République virent éclater de grandes vertus. Il en eft de même dans la plûpart des Sociétés ; foibles d'abord &
expofées à toute forte de dangers
domeftiques ou extérieurs, elles ont
befoin que les vertus foient des
paffions ; une ferveur d'héroïfme
s'empare des efprits : les grands pé-
rils font les grands hommes. Appius
& Tarquin devoient trouver des
Virginius & des Brutus : des crimes
barbares font punis par des vertus
qui leur reffemblent.

Dans ce premier état les hommes
doivent être & font ordinairement

aſſez vertueux ; les Loix ſont nouvelles ; l'art de les éluder n'eſt pas
encore trouvé ; leur nouveauté attache & échauffe les eſprits , par la
nature même de l'eſprit de l'homme :
les Romains étoient braves : il falloit
vaincre ou ceſſer d'être : ils aimoient
la Patrie ; leur exiſtence étoit atta-
chée à la ſienne , & elle ne ceſ-
ſoit point d'être en danger : ils
étoient ſobres ; comment ne l'au-
roient-ils pas été ? ils n'avoient que
leurs beſtiaux , leurs grains & leurs
légumes , encore ſouvent ravagés
par l'ennemi : on doit aimer beaucoup ces choſes là , lorſqu'on n'a
qu'elles , & que l'on craint ſans ceſſe
de les perdre : ils conſervoient l'é-
galité des biens , c'eſt qu'ils étoient
pauvres : les partages ne pouvoient
ſouffrir la moindre inégalité , ſans
expoſer quelqu'un à mourir de faim ;
chacun à peine avoit ſa ſubſiſtance :
un Père de famille mal à ſon aiſe
ne fait point d'héritier.

CEPENDANT au milieu même de
ces circonſtances forcées, quels vices
n'apperçoit-on pas dans les mœurs de

ce Peuple fi fingulier ? Que dire des factions éternelles de la place publique ? Comment juftifier la jaloufie envenimée du Sénat & du Peuple, la tyrannie, l'orgueil & les vexations des Patriciens, la cruauté des Créanciers, la dureté des maîtres pour leurs efclaves, la violence prefque toujours néceffaire pour établir les Loix les plus juftes, la féduction employée pour obtenir les fuffrages, l'abus enfin que les Magiftrats faifoient fi fouvent de l'autorité ? Ce n'eft pas un feul Silla que l'on trouve dès ce temps-là ; on en voit dix à la fois dans les Decemvirs : quelle corruption ne doit-il pas y avoir dans une Ville où le choix tombe fur dix Magiftrats auffi déteftables !

La politique des Romains ne voyoit rien de jufte que ce qui étoit utile : quel art n'employoient-ils pas pour divifer, affoiblir, tromper ou effrayer tous les Peuples, & les détruire les uns par les autres ? quelles chicanes, quelles fubtilités honteufes pour attaquer ou foumettre des Nations qui ne leur avoient donné aucun fujet légitime de leur faire la guerre ? quel poifon caché fous ces beaux noms de Traités & d'Alliances ? quelle infolence & quelle dureté dans la victoire ? Brigands politiques, ils pillèrent l'Univers, les tréfors des vaincus ornoient le fpectacle de ces triomphes qui faifoient gémir l'humanité, invention funefte par qui toutes les paffions étoient armées pour la deftruction des hommes ; ils ne fe contentoient pas d'enchaîner les Rois & de les traîner à leurs chars ; contre toute forte d'humanité & de juftice, ils ofoient les condamner à la mort : les Sciences n'exiftoient pas encore, Rome ignorante avoit déja commis tous les crimes de la guerre, de la politique, & de l'ambition.

JE fens à quel point j'offenfe le préjugé dans la cenfure qu'une jufte défenfe m'a obligé de faire de ces Peuples célébres : la plûpart des hommes ont la louable foibleffe de croire à la chimère de la perfection : il n'a pas tenu aux Poëtes & aux Déclamateurs de Collége que nous ne

cruffions l'avoir trouvée dans les
ruines de ces vieux fiécles embellis
par leur imagination : des ténébres
de l'antiquité fortent quelques rayons
lumineux ; nous les fuivons, nous
les admirons ; plus ils nous éblouif-
fent, moins ils font propres à nous
éclairer fur l'obfcurité des objets qui
les environnent : les Philofophes moraux, les Politiques fpéculatifs ont
encore ajouté à l'illufion, les premiers en cherchant à augmenter l'é-
mulation de la vertu par des exemples miraculeux, les autres en vou-
lant à toute force trouver ou donner des caufes certaines à tous les
effets, pour parvenir à établir fur des
principes fixes une Science qu'ils
croient deftinée à détrôner la fortune. De ce que ces Peuples ont fait
de grandes chofes, on a conclu
qu'ils devoient néceffairement les
faire ; les merveilles de leurs fuccès
ont fait croire celles de leur gouvernement & de leurs mœurs : ainfi s'eft
formée l'idée d'une vertu parfaite :
cette prétendue pureté a été regar-
dée comme la fille de l'ignorance,
& eft devenue le grand argument de

nos Adverſaires ; mais après que leur chimère eſt évanouie , que reſte-t-il à l'ignorance ? Si elle n'avoit pour elle que cette perfeȼtion des mœurs , comme ſes partiſans ſont forcés d'en convenir , & ſi cette perfeȼtion n'a jamais exiſté , quels motifs de préférence peut-elle encore s'attribuer ?

Si de-là nous deſcendons aux premiers ſiécles des Nations modernes, quel ſpeȼtacle nous préſente l'Europe ravagée par les Barbares deſcendus du Nord ? L'ignorance uſurpa tous les Trônes ; l'eſprit humain reçut des fers ; les noms de mœurs & de vertus diſparurent avec ceux de Sciences & d'Arts ; il n'y eut plus de gloire que celle de détruire les hommes , ou de les rendre eſclaves. A ſe renfermer dans notre Nation , quelles cruautés politiques ne commit pas Clovis le plus grand homme de ſa race ? Exemple qui ne fut que trop bien ſuivi par ſa poſtérité ; les frères n'eurent point de plus cruels ennemis que leurs frères ; la guerre qu'ils ſe faiſoient étoit le moindre de leurs crimes ; leurs armes les

plus ordinaires furent le poifon &
l'affaffinat ; Fredegonde & Brune-
hault furent les modéles les plus ac-
complis de la fcélérateffe ; les Rois
étoient dépouillés par des Maires
ambitieux ; les Peuples pillés & dé-
chirés flottoient dans ces malheureufes révolutions achetées par leur fang
& par leurs mifères : les Trônes des
Goths en Efpagne & des Lombards
en Italie ne furent pas teints de moins
de fang.

Qui pourroit aujourd'hui nous
propofer ces fiécles funeftes pour
modéles ? qui pourroit les regretter ?
le beau temps, le temps de la vertu
de chaque Peuple n'eft donc pas toujours celui de fon ignorance, comme nos Adverfaires le prétendent ;
propofition abfolument infoutenable
à l'égard de tous les Peuples modernes de l'Europe.

JE ne fuivrai point notre Hiftoire
dans tous fes détails; des guerres barbares & interminables, fans juftice
dans les motifs, fans utilité dans
l'objet, tous les vices de l'Arifto-

cratie dans une conſtitution Monar-
chique, un éternel eſprit de révolte
& d'ambition, ſource néceſſaire de
la mauvaiſe foi, de l'injuſtice & de
la violence, le corps entier de la
Nation eſclave né des paſſions de
mille Tyrans, ſont les traits répétés
à chaque page de nos faſtes : ajoutons une diſſolution dans les mœurs
hardie & violente ; ſi elle n'éclate
pas par tout également, c'eſt faute de
détails ; mais le Philoſophe voit dans
ce que dit l'Hiſtoire tout ce qu'elle
n'a pas dit ; les principes montrent
les conſéquences ; celles de nos épo-
ques qui ſont éclairées d'une plus
grande lumière ne nous permettent
pas d'en douter ; je me contenterai
de donner pour exemple le temps
des Croiſades.

L'IGNORANCE fut remplacée par
de fauſſes opinions ; de mauvaiſes
études prirent le nom de Sciences ;
& le monde n'en fut pas mieux : les
mœurs s'adoucirent pourtant par l'expérience du malheur ; il me ſuffit de
remarquer que les mœurs des régnes
de Charles VI, Charles VII &

Louis XI, n'étoient pas meilleures
que celles du régne de François I,
qui appella les Lettres en France ;
& qu'enfin les temps de Catherine
de Médicis & de ses fils ne sont nullement comparables à ceux de Louis
XIV & de Louis XV, les seuls
dans notre Histoire, où les Sciences
& les Arts ayent pris un accroissement capable de leur donner une influence marquée sur les mœurs.

S'il pouvoit rester quelque doute
à l'égard de mes conjectures sur les
vices des premiers âges du Monde,
un coup d'œil jetté sur tant de Peuples ignorans qui existent encore,
suffiroit pour leur donner le plus haut
degré de certitude : que verrons-nous
dans les trois quarts de l'Asie ? le
Despotisme & l'Esclavage, les caprices d'un Tyran invisible pour toutes
Loix, la terreur dans les Peuples
pour toutes mœurs, un Sexe entier
victime à la fois de la force & de
la foiblesse de l'autre, des milliers
d'hommes sacrifiés inhumainement à
la jalousie d'un seul, & privés à jamais des plaisirs dont ils auroient dû
jouir,

jouir, pour un maître qui n'en jouit pas ; partout le sang humain compté pour rien, & les droits les plus saints de la nature méconnus ou violés : les côtes d'Afrique, la patrie d'Annibal, de Terence & de St. Augustin ne nous offrent que les citadelles du crime habitées par des scélérats, brigands & assassins par état, dignes compatriotes des ours & des lions de leurs forêts.

PLUS loin, nous trouverons les Contrées immenses des Négres, Peuples lâches & orgueilleux chez qui la débauche & la paresse perpétuent la misère, privés des notions les plus simples de l'honnêteté & de la justice, sacrifiant leurs prisonniers de sang froid ou les mangeant, parés de colliers faits des dents de leurs ennemis, ou faisant des parquets de leurs crânes. L'Amérique n'est pas moins peuplée de monstres humains.

TOUS les Peuples de l'antiquité qui ont eu des mœurs & des Loix, les ont dues à des Sçavans qui ont été leurs Législateurs ; tels ont été

Zoroaſtre, Minos, Lycurgue, Dracon , Solon , Numa &c. il fallut
que la ſcience vînt réformer ce que
l'ignorance avoit corrompu ; les
Nations éclairées par ſa lumière ont
paru tour à tour ſur la Scène du
Monde avec plus ou moins de vertus, d'éclat & de ſuccès , tandis
que la barbarie la plus honteuſe
régne encore après tant de ſiécles par
tout où l'ignorance s'eſt conſervée.

DE quelques hyperboles que l'on
veuille exalter les vices des Peuples
policés , les Cannibales en ſçavent
plus que nous ſur cet article, ſans
avoir rien appris de la Philoſophie
ni des Arts ; ils ne s'amuſent point
à médire de leur prochain , mais ils
le rôtiſſent & le mangent en chantant & en danſant : les Mumbos ont
des marchés de chair humaine. Comment nos Sciences corrompues n'ont-
elles point trouvé de tournure pour
nous procurer le droit & le plaiſir
d'un ſemblable établiſſement ? D'où
naît l'horreur que nous en avons ?
eſt-ce foibleſſe ou préjugé ? il eſt
pourtant difficile de ne pas convenir

que ces gens-là ont des mœurs plus dépravées que les nôtres.

On croit faire illusion en avançant que l'ignorance est l'état naturel de l'homme : oui , à peu près comme il lui est naturel de marcher à quatre pieds , parce que les enfans ne peuvent d'abord se soutenir sur leurs jambes : l'ignorance est le premier état de l'homme , mais c'est pour en sortir par l'accroissement de ses connoissances , comme il doit s'affranchir des foiblesses de l'enfance par le progrès de ses forces : l'ame nous est donnée aussi foible que le corps ; c'est à nous de fortifier l'un & l'autre par les exercices qui leur sont propres. Un juste équilibre est difficile à observer entre ces deux êtres dont nous sommes composés ; mais si les hommes qui ne veulent être que sçavans, ne parviennent pas toujours à être sages , ceux qui ne veulent être que robustes ne peuvent guères avoir que des vertus bien foibles.

On m'opposera sans doute des

actes & des notions d'humanités
de bonne foi & de justice chez les
Peuples les plus barbares , & j'en
conviendrai sans peine ; l'homme ne
sçauroit être tout méchant, parce que
ce seroit tendre directement à sa destruction, & que le plus foible rayon
de raison suffit pour l'en empêcher :
les brigands même ne font point &
ne peuvent être absolument sans foi
& sans équité ; au sein de la barbarie on trouve des Peuples d'un caractère plus doux ; les climats , les
terreins , quelques circonstances sin-
gulières jettent des variétés dans les
tempéramens & dans les inclinations;
il y a des vertus d'instinct , dont la
semence ne peut être entièrement
étouffée : mais si le naturel d'un Peuple ignorant peut être bon , ses passions font toujours redoutables : la
raison perfectionnée peut seule leur
marquer de justes limites ; chez les
Nations non civilisées, les haines font
cruelles & les vengeances atroces.

Enfin, si l'ignorance ne produit
pas immédiatement tous les excès
des Nations barbares , on ne peut

nier qu'elle ne foit la fource de cette
rufticité brutale & féroce qui les fa-
miliarife avec les violences & le
fang , ainfi que de l'oifiveté éternelle qui ne leur permet pas d'autre induftrie que le brigandage.

Les Hottentots après la cérémo-
nie qui les conftitue à l'âge de dix-
huit ans dans la qualité d'hommes , Hiftoire des voyages
ont le droit de battre leur mère , &
fe hâtent ordinairement d'en ufer :
les Souverains ne tirent que de légè-
res impofitions , mais c'eft pour eux
un amufement royal de tuer des hommes : l'Empereur du Monomotapa
dans certaines fêtes fait donner la
mort aux Seigneurs de fa Cour qu'il
aime le moins ; le maffacre des prifonniers de guerre eft de droit ; le
Roi de Dahomay en facrifia , felon
le récit des voyageurs, jufqu'à quatre
mille en un feul jour ; & c'eft , pour
le dire en paffant , une excufe pour
l'ufage des Européens d'acheter des
Efclaves négres , puifque ce font tous
des malfaiteurs ou des captifs deftinés à la mort , que la vengeance auroit facrifiés , & que l'avarice aime

C iij

mieux vendre. Le Roi des Jaggas ,
Nation errante qui ne vit que de
brigandage , fait lâcher un lion furieux au milieu de fon Peuple defarmé & raffemblé en cercle dans une
vafte plaine ; le lion tue tout-autant
qu'il peut de ces malheureux , jufqu'à
ce qu'il fuccombe lui-même fous les
coups de la multitude ; les furvivans
finiffent par manger les morts avec
des cris de joie , c'eft ainfi qu'ils
célébrent le jour de la naiffance de
leur Souverain, qui jouit de ce fpectacle au haut d'un arbre , où il eft à
l'abri du danger avec ceux qui compofent fa coun. Ces mêmes Jaggas
maffacrent leurs enfans auffitôt qu'ils
font nés, & cette abominable Nation
ne fe perpétue que par les jeunes prifonniers qu'elle fait fur fes ennemis,
& qu'elle élève dans les principes
de fa barbarie. D'autres Peuples
abandonnent aux bêtes féroces leurs
pères & leurs mères lorfqu'ils font
parvenus à un certain point de décré-
pitude, ou les égorgent eux-mêmes ;
ainfi le parricide eft regardé par l'i-
gnorance comme un fervice d'humanité. Un très grand nombre de Na-

tions mangent leurs prisonniers ; les Anzikos , peuple d'Afrique, mangent leurs propres esclaves lorsqu'ils les trouvent assez gras , ou les vendent pour la boucherie publique.

COMBIEN de sang verse encore l'ignorance par les mains des préjugés & des superstitions qu'elle enfante & qu'elle éternise ! Dans le pays d'Ardra une femme qui met au monde deux enfans à la fois , est punie de mort comme adultère : au Cap , si deux filles naissent ensemble , on tue la plus laide ; si c'est une fille & un garçon , la fille est exposée sur une branche d'arbre ou ensevelie toute vivante : au Royaume de Congo , s'il tombe trop ou trop peu de pluie , si les saisons sont mauvaises , c'est au Roi que le Peuple s'en prend ; on se révolte & il est massacré : à la mort du Roi de Juida on laisse un inter-regne de quelques jours , pendant lesquels chacun pille , tue , ou viole à sa fantaisie : l'usage de sacrifier les femmes sur le tombeau de leurs maris & les esclaves sur celui de leurs maîtres , n'est point

une fingularité de quelques cantons
fauvages ; c'eft une fuperftition fanglante qui fouille une très grande
partie de la terre : à la Côte d'or on
immole jufqu'à cinq ou fix cens per-
fonnes à la mort des Rois : l'ignorance forge des Dieux qui lui reffemblent & leur prête fes fureurs :
elle implore leurs faveurs par des
cruautés , & croit les fléchir par le
fang. La plûpart des Sauvages ne
reconnoiffent que des Divinités mal-
faifantes ; leurs Prêtres font des for-
ciers , & leurs Sacrifices des meurtres : Annafinga Reine d'Angola con-
fultoit le Diable par le facrifice de
la plus belle fille qu'elle pût trouver ; elle buvoit un verre de fon
fang & en faifoit faire autant à fes
chefs. Lorfque les Européens leur de-
mandent raifon de ces abomina-
tions , ne pouvant les juftifier, ils
répondent, c'eft notre ufage : ainfi
l'ignorance égorge froidement les
hommes de fa propre main fans
avoir befoin d'armer leurs paffions :
elle tire fes droits de fa ftupidité
même , & parvient à confacrer fes
crimes en les multipliant.

Si l'ignorance des premiers hommes a produit l'âge d'or, comm'on le prétend dans quelques Régions de l'Europe, comment n'a-t-elle pas eu les mêmes effets dans ces trois immenses parties de la Terre ? ou si ces Peuples ont eu aussi un âge d'or à leur origine, comment en conservant si fidélement leur ignorance, leurs vertus primitives ont-elles fait place à tant d'horreurs ?

On nie, & avec raison, que les hommes soient naturellement méchans ; on croit même qu'ils sont naturellement bons ; mais quand je vois dans les trois quarts de l'Univers l'ignorance & les vices réunis, si ces vices ne sont point dans la nature de l'homme, qu'est-ce donc qui leur a donné la naissance ? Si l'on ne veut pas convenir que l'ignorance les a enfantés, il est donc vrai du moins qu'elle n'a pu mettre obstacle à leur existence ; il est donc vrai encore qu'elle a même été un obstacle au rétablissement de la vertu, puisque ces Peuples sauvages persistent dans cette misérable bar-

barle depuis tant de siécles sans aucun amendement : conçoit-on en
effet qu'on puisse parvenir à réformer leurs mœurs, sans commencer
par les éclairer ? leur ignorance est
donc si intimément unie avec leurs
vices, elle en est donc tellement le
rempart le plus sûr, qu'on ne peut
entreprendre la ruine des uns sans
commencer par la destruction de
l'autre.

§. 73.   Les vices d'une multitude de Peuples ignorans font donc, quoi qu'on
en dise, quelque chose à la question;
ils prouvent donc très bien, non seulement que l'ignorance n'engendre pas
la vertu néceffairement, ils servent
encore à détruire la propofition avan-
cée par nos adverfaires, que l'ignorance n'est un obstacle ni au bien
ni au mal; ils démontrent enfin in-
vinciblement que l'ignorance est un
état doué par la nature d'une force
d'inertie très-puissante contre toute
réformation, privé de toute force
active pour empêcher le mal ou pour
le corriger, & l'inévitable source
de la barbarie, par l'oifiveté, la

férocité, les préjugés , & les superſti-
tions qu'elle enfante immédiatement.

J'ai peine à comprendre d'où peut
naître le ridicule qu'on affecte de
répandre avec tant de confiance ſur
cette objection tirée des vices de
l'ignorance : par quel privilége ſpé-
cial auroit-on le droit de ſe préva-
loir de la corruption de quelques
Peuples ſçavans , & ne pourrions-
nous employer à notre défenſe celle
de tant de Nations barbares ? J'y
vois à la vérité quelques différences,
& les voici ; c'eſt que chez ces Peuples ſçavans & corrompus nous trouvons à côté de la Science , les richeſſes , la puiſſance , la proſpérité,
cauſes toutes naturelles de corruption
& qui doivent aſſurément en avoir
l'honneur par préférence ; au lieu,
que chez les Peuples que nous oppo-
ſons , l'ignorance eſt abſolument ſeule
vis-à-vis de la barbarie , ſans aucune
autre cauſe de corruption ; enſorte
qu'elle ne peut ſe juſtifier ou de l'a-
voir cauſée ou de n'avoir pu y mettre obſtacle : nous objectons la barbarie éternelle & incurable des trois

quarts de la terre, qui dépofent contre l'ignorance ; que cite-t-on en fa
faveur ? les vertus très paffagères &
très-mêlées de vices, de trois petites
Villes de l'antiquité : n'eft-ce pas là
vouloir comparer le particulier à
l'univerfel, l'exception à la régle,
& le doute à l'évidence ? (*)

(*) J'ai prouvé dans mon premier Difcours que le progrès des Lettres eft toujours en proportion avec la fortune des Empires, & on eft forcé de convenir que j'ai raifon : mais on me répond *p. 82. que je parle toujours de fortune & de grandeur, tandis qu'il eft queftion de mœurs & de vertus.* M. Rouffeau me permettra de le faire fouvenir qu'il n'a pas toujours parlé uniquement de mœurs; il a attaqué auffi les Sciences fur ce qu'elles amoliffoient le courage; il a attribué à la culture des Lettres & des Arts la chute d'Athènes, celle de la République Romaine & les différentes conquêtes de l'Egypte; c'eft à ces objections que j'ai répondu dans le paffage dont il s'agit : je crois donc pouvoir me flatter de n'être pas forti de la queftion.

On m'avoit objecté les conquêtes des Barbares : j'ai répondu qu'ils avoient fait de grandes conquêtes, parce qu'ils étoient très-injuftes : à toutes ces conquêtes j'ai oppofé celle de l'Amérique, la plus vafte qui ait jamais été faite, & uniquement due à la fupériorité de nos Arts & de nos Sciences.

Que répond-on *p. 115* qu'elle étoit injufte: qu'importe ? en eft-elle moins la plus prodigieufe conquête que les hommes aient jamais faite ? en eft-elle moins le fruit des avantages que nous donnoient nos connoiffances ? On de-

MAIS ce qui doit décider la question sans retour, le plus haut degré
de toute corruption c'est la barbarie,
& elle apartient sans contredit au plus
haut degré de l'ignorance : au contraire la plus parfaite Science seroit
vraisemblablement la plus parfaite
vertu, puisqu'elle seroit le plus haut
point des connoissances métaphysi-
ques, morales & politiques : mais
si l'on nous conteste cette conjec-
ture, il est du moins bien prouvé
que la plus grande perfection de la
Science ne sçauroit jamais conduire
à une barbarie telle que nous venons
de la décrire, & ce point seul suffit
pour prononcer la condamnation
absolue de l'ignorance.

mande quel est le plus brave de l'odieux Cor-
tez ou de l'infortuné Guatimosin ? mais je
n'avois pas dit un mot de courage; je ne par-
lois que de Sciences & d'Arts : que l'on prouve tant qu'on voudra que les Américains
étoient un peuple très-courageux; bien loin
de détruire mon rai-sonnement, on ne fera
que le fortifier ; ils étoient très-braves,
nous n'étions que sça-vans, & nous les avons
vaincus ; ils étoient innombrables, nous
n'étions qu'une poi-gnée d'hommes, &
nous les avons soumis; c'est-à-dire que la
Science peut triom-pher du nombre & du
courage même.

ÉN effet , pour en bien juger, il étoit abfolument néceffaire de la confidérer dans toute fa pureté ; c'eft feulement parmi les Peuples les plus fauvages qu'on pouvoit parvenir à bien connoître fa nature & fes effets; fon influence devient équivoque & incertaine , fi-tôt qu'elle eft mêlée avec divers degrés de fciences & d'arts.

L'IGNORANCE & la Science ne font plus alors que des noms relatifs , par exemple nous traitons Athènes d'ignorante au temps de la bataille de Marathon ; il eft pourtant vrai qu'elle étoit très-fçavante en comparaifon de la plûpart des villes de la Grèce, & de ce qu'elle avoit été elle-même dans les fiécles précédens; ainfi fa vertu & fa gloire dont on fait aujourd'hui un argument en faveur de l'ignorance, devoient au contraire paroître dans ce temps-là une forte preuve de l'utilité des Sciences & des Arts. Pififtrate & fes fils n'avoient rien négligé pour infpirer aux Athéniens le goût des Sciences; ils leur avoient donné la connoif-

fance des Poëmes d'Homère ; &
avoient attiré dans leur ville Ana-
créon , Simonide , & plufieurs Philofophes; & il faut confidérer qu'Hé-
fiode , Archiloque , Alcée , Sappho
avoient déja exifté , & que les fept
Sages exiftoient encore dans ce
même temps.

LYCURGUE étoit fçavant & Philofophe : Sparte dédaigna, il eft vrai,
de cultiver les Sciences, mais elle les
connoiffoit ; elle étoit trop liée avec
les autres Peuples de la Gréce , pour
qu'on puiffe la fuppofer dans une
ignorance abfolue. Rome même dans
fes commencemens fentit que fon
ignorance ne fuffifoit pas pour la
gouverner; elle choifit pour fecond
fondateur Numa recommendable uniquement par la Philofophie ; elle
alla enfuite chercher des Loix chez
le Peuple le plus fçavant qui fût
alors ; elle jouit & elle profita des
confeils de la Science. Enfin ces
trois Peuples avoient plus ou moins
la plûpart des connoiffances qui ont
rapport aux mœurs : à quel titre
l'ignorance oferoit-elle revendiquer
leurs vertus ?

IL eſt vrai que tous les degrés des Sciences n'ont pas des proportions de mœurs conſtantes & égales ; c'eſt qu'elles n'ont pas toutes une égale influence ſur nos actions : Solon, Ariſtide & Socrate contribuoient plus ſans doute aux mœurs, qu'Hippocrate, Euclide & Sophocle.

LES Peuples après les épreuves cruelles qu'ils avoient faites de l'état où ils vivoient ſans Loix & ſans puiſſance civile, ont dû commencer par l'étude de la morale & de la politique, & dans ce premier moment, ils ont dû être très-vertueux.

AINSI les temps où ces premières Sciences étoient ſeules cultivées, ont pu l'emporter par les mœurs ſur ceux où elles ont été accompagnées de l'étude des autres, non que ces dernières aient nui à la vertu, mais par d'autres cauſes étrangères, telles que la proſpérité, l'accroiſſement des richeſſes ou l'affoibliſſement des LOIX.

ATHÉNES ſe corrompit lorſqu'elle augmenta ſes connoiſſances, parceque

que son génie & son gouvernement
n'étoient pas faits pour supporter la prospérité ; le caractère des
Athéniens est le même depuis Solon
jusqu'à Alcibiade ; Périclès régna sur
eux par les mêmes voies que Pisistrate ; les entreprises de celui-ci
avoient été portées bien plus loin
sous les yeux de Solon & dans la
première ferveur de ses Loix ; il
mérita d'être appellé Tyran , & il
fut souffert : sans les violences extrêmes d'Hippias son fils , Athénes
étoit soumise pour jamais ; rendue à
sa liberté , elle en abusa ; tous ses
chefs éprouvèrent successivement sa
légèreté & son ingratitude ; l'orgueil
& l'ambition du Peuple augmentoient
par degrés avec sa puissance & ses
conquêtes ; plus il s'enyvra de sa
gloire , plus il voulut être flatté ;
on ne pouvoit écarter un rival qu'en
proposant quelque nouveau moyen
de séduction : c'est ainsi qu'on en
vint à distribuer les terres conquises
au Peuple , à prodiguer les deniers
publics pour les jeux, les spectacles
& les édifices, à attribuer des salaires aux Citoyens pour les fonctions

D

d'affister aux jeux & aux Tribunaux, à détruire l'autorité du Sénat, à rendre la multitude toute puiffante , à entretenir enfin & à flatter tous fes caprices. Si je cherche quels furent les auteurs de cette corruption, l'hiftoire me nomme Thémiftocle, Cimon , Périclès ; en accufer Phidias , Euripide & Socrate , feroit le comble du ridicule.

L'ORGUEIL naturel des Athéniens dégénéra en infolence & en indocilité , leur vivacité devint yvreffe , & leur légèreté folie ; ils s'épuifèrent en magnificences & en guerres inutiles ; ils eurent tous les vices du bonheur , & ils en firent toutes les fautes : Athènes abufoit de tout, il falloit bien qu'elle abusât des Arts comme elle avoit fait de fa puiffance & de fa gloire , & qu'elle mît dans fes plaifirs les mêmes vices que dans fes affaires ; elle avoit le bonheur de poffléder Socrate , Platon, Xénophon , & elle écoutoit par préférence des Sophiftes & des Déclamateurs qui la flattoiént ; elle ne fe contentoit pas d'honorer les Dieux

& de couronner Euripide & Sophocle , elle se ruinoit follement pour
ses Temples & ses Théatres , & la
Poësie & la Religion n'en étoient
pas plus coupables l'une que l'autre :
la licence d'une Démocratie effrénée
monta sur la scène ; la Comédie dès
sa naissance fut obscène , impie &
satirique , elle joua les noms & les
visages , elle couvrit indifféremment
de ridicules Hiperbolus & Socrate ;
elle ne tenoit pas ses vices de sa nature , puisqu'elle n'en a jamais eu de
pareils chez aucun Peuple , elle ne
fit que reporter dans les mœurs publiques la corruption qu'elle en avoit
reçue ; la prospérité étoit tellement
la source de cette corruption , qu'elles cessèrent ensemble; Athènes vain-
cue & malheureuse réforma son
théatre.

ROME avec des mœurs dures , un
génie sévère , des guerres continuel-
les , & des succès lents , devoit dif-
férer long-temps à se corrompre ;
mais enfin le temps arriva où ses
Loix se turent devant sa gloire ; les
causes de sa corruption ont été trop

bien dévéloppées & font trop côn-
nues , pour que je perde du temps à
en parler : les Sciences & les Arts
n'avoient encore fait que de foibles
progrès , lorfque-fes mœurs étoient
déja perdues : elle eut auffi la fureur
des Spectacles ; elle s'en fervit pour
fléchir ou pour remercier fes Dieux ,
& ils firent une partie importante de
fon culte. Un Peuple fouverain veut
être amufé : des Sauteurs , des com-
bats d'animaux & d'hommes faifoient
d'abord fes plaifirs : on fit enfuite ve-
nir des Baladins de Tofcane ; leurs
Piéces n'étoient que de miférables
rapfodies pleines de groffiéretés , elles portoient le nom de Satyres ,
terme qui avoit alors le même fens
que notre mot , Farce , & qui fut
en conféquence détourné à une figni-
fication nouvelle qu'il a toujours con-
fervée depuis ; les bonnes Piéces
dramatiques que le goût des Lettres
produifit dans la fuite , bien loin de
contribuer à la corruption publique,
furent une vraie réformation qui alla
toujours en augmentant; Plaute obligé de fe conformer au goût de fon
fiécle, fut d'abord très-libre ; Térence

devint plus châtié ; mais le Peuple ne les goûta jamais parfaitement , il préféra toujours l'aréne au théatre.

Il ne cherchoit dans ſes repré-ſentations que le ſpeƈtacle de ſa gran-deur & de ſa magnificence ; les Edi-les ſe ſurpaſſoient à l'envi en ſomp-tuoſité pour plaire à un Peuple qui pouvoit tout ; les Cenſeurs crièrent long-temps & ſe laſſèrent enfin de déplaire ſans fruit : le fameux théa-tre de Scaurus contenoit quatre-vingt-mille perſonnes , il étoit porté ſur trois cens ſoixante colonnes ; il avoit trois étages , dont le premier étoit de marbre; ſes colonnes avoient trente - huit pieds de hauteur , & étoient entre - mêlées de trois mille ſtatues d'airain ; ce prodigieux édi-fice étoit conſtruit pour trois mois ſeulement , & fut détruit en effet au bout de ce temps : on élevoit des eaux de ſenteur au-deſſus des porti-tiques , & on les faiſoit retomber en pluie par des tuyaux cachés : dans une Tragédie d'Andronicus appellée le Cheval de Troye , on voyoit paſ-ſer ſur le théatre trois mille vaſes &

toutes fortes d'armes d'infanterie &
de cavalerie ; Pompée à la dédicace
de fon théatre fit combattre & périr
cinq cens lions, fix cens panthères,
& vingt éléphans ; qu'eft-ce que les
Sciences pouvoient avoir de commun avec cet appareil faftueux des
dépouilles du monde ?

Lorsque la corruption fut extrême, elle ofa violer la majefté naturelle de la Tragédie, & contre toute
vraifemblace y porter l'obfcénité ;
enfin on s'entêta des Pantomimes,
Acteurs muets dont le talent confif-
toit à imiter les actions les plus in-
fames ; Pilade & Bathylle partagè-
rent la ville & caufèrent des fédi-
tions ; on finit par abandonner en-
tiérement le goût des Lettres & des
Arts qui n'avoient pu fe prêter à
l'excès de la licence.

Rome à force de pauvreté & de
vertu, conquit des richeffes & des
vices, & fa fcience ne put la guérir ; Carthage fut très corrompue &
ne fut jamais fçavante ; on en peut
dire autant des anciens Perfes & de

la plûpart des grands Empires de
l'Afie ancienne & moderne ; Sparte
elle-même, quoique toujours fidelle à
fon inimitié pour les Sciences & les
Arts, perdit fes vertus auffi-tôt qu'elle
fut maîtreffe de la Gréce : partout la
profpérité féduit & corrompt ; elle
détruit ce qui l'a fait naître , & finit
par être fa propre ennemie.

JE trouve dans l'hiftoire que tous
les Peuples ignorans , fans en excep-
ter un feul , ont été corrompus dans
leur puiffance & dans leurs richeffes :
deux Peuples fçavans l'ont été dans
les mêmes circonftances : à des effets
tout femblables dois-je chercher des
caufes différentes ? & comment ofe-
rois-je imputer aux Sciences , dans
deux cas particuliers les mêmes vices
que je vois par-tout ailleurs où elles
n'exiftoient point ?

LA propofition que tous les Peuples fçavans ont été corrompus , ne
peut donc former aucun préjugé contre les Sciences , puifqu'ils ne l'ont
été que dans les mêmes circonftances
qui ont corrompu toutes les Nations
ignorantes.   D iv

POUR achever d'éclaircir cette
queſtion, il eſt à propos d'examiner
ce que c'eſt que vertu & corruption,
deux mots très anciens & très im-
poſans , ſouvent prononcés , rarement entendus.

LA vertu dans ſon acception la
plus élevée ſeroit une force de l'ame
qui dirigeroit toutes nos actions au
plus grand bien du genre humain. Les
différens degrés du bonheur total des
hommes dépendent des différens degrés de leur union ; leur union dé-
pend uniquement de leurs vertus ;
ils ne ſont ſéparés & armés que par
leurs vices : la plus parfaite combi-
naiſon de l'amour propre & de l'a-
mour ſocial ſeroit à la fois le plus
haut degré de la vertu & du bonheur : c'eſt à ce point que des lignes
infinies de ſiécles tendront ſans ceſſe,
ſans l'atteindre jamais : ſi les hommes
avoient pu y arriver, ils ne forme-
roient tous enſemble qu'une famille.

LA Société générale ſe décompoſe
en ſociété politique & civile , & en
individus ; la vertu de chaque indi-

vidu ne fçauroit mériter ce nom ;
qu'autant qu'elle travaille à fa confervation & à fon bonheur , relativement à la confervation & au bonheur
des différens ordres de fociétés dont
il eſt membre ; toutes les vertus do-
meſtiques & civiles doivent être ra-
portées à ce principe & mefurées à
cette régle ; elles s'ennobliſſent &
s'élévent à mefure qu'elles contribuent au bonheur d'un plus grand
nombre d'hommes ; ainſi la tempérance & le courage , les deux vertus gardiennes de notre être , font
en même-temps la bafe de toutes les
vertus d'un ordre fupérieur.

LA nature nous a environnés de
biens & de maux : attirés par les uns,
effrayés par les autres , l'excès des
defirs & des craintes produit toutes
les paſſions qui nous rendent méchans
& malheureux : la tempérance de
l'ame & le courage font la double
force qui les modère : plus les defirs
& les craintes font modérés , plus le
nombre & la vivacité des concurrences en tout fens diminuent : de là
coulent dans l'ordre civil l'huma-

nité , la foi , la juſtice , le deſintéreſ-
ſement , la généroſité : dans l'ordre
politique la ſoumiſſion aux Loix , la
fermeté contre les deſordres inté-
rieurs & les dangers du dehors : enfin cette modération ſeule peut adoucir les concurrences inévitables entre les ſociétés politiques , calmer
leurs défiances mutuelles & établir
dans la ſociété générale cette bienveillance , cette bonté univerſelle
qui forme le plus ſublime caractère
de la vertu , & ſans laquelle le bonheur de chaque ſociété n'eſt jamais
qu'un bien fragile.

L'Excès des privations rarement
utile au bonheur public & plus rarement encore au bonheur particulier
a pu être quelquefois une vertu d'o-
bligation en de certaines circonſtances ; c'eſt ainſi que dans l'enfance
du monde & à la naiſſance des Sociétés cet excès a pu convenir à la
timidité & à l'inexpérience des premiers hommes : dans tous les autres
cas , lorſqu'il eſt produit par des
motifs purement humains , c'eſt tout
au plus une vertu de choix qui n'eſt

propre qu'aux ames froides ou pu-
fillanimes : defirer & jouir avec modération, forme le caractère d'une
raifon éclairée & d'une vertu active, digne apanage de l'âge viril où
le genre humain eft parvenu & qui
peut feul le conduire à fa véritable
deftination, c'eft-à-dire au plus grand
bonheur poffible.

Si tous les hommes étoient vertueux, la vertu ne feroit que l'exercice le plus doux & le plus agréable
de la raifon : plus elle eft entourée
de vices & expofée aux dangers, aux
crimes & aux malheurs qui en naiffent, plus elle devient pénible &
dure, plus elle a de grands facrifices à faire : fans les crimes des Tarquins, l'héroïfme cruel de Scævola
& de Brutus n'eût jamais exifté :
fans la barbarie des Carthaginois,
Régulus n'eût pas eu befoin de tant
de grandeur d'ame ; fi Céfar eût vécu
en citoyen, Caton ne fût point mort
en héros : (*) ces efforts cruels de

(*) J'ai dit que Caton déclama toute fa vie, combattit, & mourut enfin fans avoir fait rien d'utile pour fa patrie : on répond qu'on ne fçait s'il n'a rien fait d'utile pour

Vertu font la marque d'un mauvais fiécle : il ne peut y avoir de Brutus où il n'y a pas de Tarquins ; fe plaindre que nous n'ayons pas de

p. 105. *fa patrie (c'eft tout ce que je prétendois) mais qu'il a beaucoup fait pour le genre humain, en lui donnant le fpectacle & le modéle de la vertu la plus pure qui ait jamais exifté :* j'en conviens, & j'ajoute que ce fut précifément parce que fa vertu fut extrême qu'elle fut inutile à fon pays; elle ne fçut ni fe prêter, ni fléchir, ni attirer, ni comprendre enfin que les mœurs d'une ville petite, foible & pauvre, ne pouvoient être celles de la capitale du monde, & que la vertu pouvoit exifter fans ces mœurs pauvres & dures. Il a été loué par des Philofophes, parce qu'il fut un Philofophe ; avec moins de dureté & d'inflexibilité il auroit pu fauver fa patrie ; il ne fçut que mourir ; mais qu'il fallût ou être ce qu'il a été, ou fuivre les principes de Tibére & de Catherine de Médicis,

& devenir un *Cartouchien, un fcélérat & un brigand*, & qu'il n'y eût point de milieu entre ces extrémités, comme notre adverfaire le fuppofe dans la rapidité de fes conféquences, c'eft une prétention qui doit paroître tout au moins exagérée. p. 106.

C'eft ainfi que lorfqu'en parlant des Brutus, des Decius, des Lucréce, des Virginius, des Scævola, j'ai fait l'éloge d'un état *où les Citoyens ne font point condamnés à des vertus fi cruelles*, on m'a répondu *qu'on entendoit très-bien qu'il étoit plus commode de vivre dans une conftitution de chofes où chacun fût difpenfé d'être homme de bien*, comme fi la vertu étoit effentiellement fanglante & barbare, & que hors de ces malheureufes circonftances l'honneur & la probité même ne puffent exifter. p. 107.

Régulus ; c'eſt regretter qu'il n'y ait pas de Peuple qui livre aux ſupplices les plus barbares un ennemi priſonnier : l'adouciſſement des mœurs en banniſſant les grands crimes , a banni en même-tems ces vertus effrayantes toujours rares , parce qu'il faut une longue ſuite de crimes , pour donner occaſion à un ſeul acte de ces vertus ; gémir de ce qu'elles n'exiſtent plus , c'eſt faire le plus grand éloge du ſyſtême de notre ſociété : moins la vertu a beſoin d'efforts & de ſacrifices , plus elle ſuppoſe les mœurs perfectionnées.

Les miſères & l'ignorance des premiers ſiécles ne leur permettoient pas de connoître ces principes : les Peuples anciens furent extrêmes dans le matériel des vertus , & n'en poſſédèrent jamais le véritable eſprit : le bonheur particulier de chaque ſociété fut leur unique objet ; ils ne s'élevèrent point juſqu'à l'amour du genre humain , ce point de réunion de toutes les vertus , ce dogme fondamental du bonheur , que l'ignorance ne ſoupçonnoît pas , que la

politique déteſtoit , & que la Philoſophie ſeule pouvoit leur révéler ;
ils crurent que la tempérance ne
pouvoit être qu'une privation abſo-
lue , & ils ſuppoſèrent que le courage devoit combattre ſans ceſſe ;
toute la vertu humaine ſe réduiſit à
l'art de rendre les hommes terribles
à d'autres hommes : la ruſticité , la
férocité pouvoient contribuer à ce
funeſte effet , elles furent conſacrées
comme les mœurs de la vertu , on
en vint à les prendre pour la vertu
même : la pauvreté , la frugalité n'é-
toient point eſtimées , comme l'effet
de la modération , mais comme des
armes de plus à la guerre ; on ne
connoiſſoit que la tempérance du
corps , & elle n'étoit que l'inſtru-
ment de l'ambition de l'ame : pour
animer la valeur on avoit des ſpec-
tacles ſanglans , on ſe faiſoit un devoir d'être cruel juſques dans ſes
plaiſirs : dans ces circonſtances , tout
ce qui n'étoit pas préciſément pauvreté & courage , épouvantoit le
préjugé & étoit impitoyablement appellé corruption ; on perſiſtoit à reſter malheureux pour être redoutable.

On voit par là combien l'imputation de corruption si odieuse & si répétée a été injuste dès son origine : ces nations de soldats fidéles à leur animosité éternelle , redoutoient comme une source de foiblesse tout ce qui pouvoit les rapprocher & les adoucir : on connoissoit les avantages du courage , on ignoroit encore ceux du Commerce & des Arts : on vit que l'on alloit perdre des soldats, on ne voyoit pas que l'on gagnoit des citoyens ; on croyoit qu'il étoit honteux de devoir à l'industrie , des biens qu'on auroit pu se procurer par la force ; & il faut remarquer que dans ces temps la guerre enrichissoit les particuliers & les Peuples ; les Loix des différens états n'avoient songé qu'à les séparer ; on crut leur constitution perdue lorsqu'il fut question de les réunir : des hommes qui par amour pour leur patrie détruisoient celle de cent Peuples , étoient bien éloignés d'imaginer la terre comme une patrie commune à tous ses habitans ; on ne concevoit pas qu'il pût s'établir entr'eux des intérêts communs : des besoins &

des fecours mutuels reffembloient à
une dépendance : des guerriers qui
fe faifoient négocians & ouvriers
croyoient fe dégrader ; c'étoit toutes les paffions particulières qui fous
le nom de vertus & de mœurs anciennes s'étoient liguées contre le
bien général nouveau & inconnu.

LES vieux préjugés cédèrent enfin en grondant ; les nouvelles connoiffances s'établirent : chaque état
de l'homme a fes vices qui lui font
propres : le Commerce & les Arts
en introduifirent de nouveaux ; on
ne vit qu'eux ; on oublia ceux de la
pauvreté qu'ils avoient chaffés ; on
murmura , on cria , comme on fait
encore aujourd'hui ; on employa
fans ceffe ce terme commode &
vague de corruption , qui accufe
fans preuve & juge fans objet fixe,
& qui au gré de la fatyre , de l'humeur & de la mifantropie flétrit indifféremment de la même qualifica-
tion la plus haute infolence du vice
& le plus petit relâchement de la
vertu.

LA corruption fe mefûre par la qualité des vices nouveaux qu'elle introduit dans les mœurs, & les vices eux-mêmes tirent leurs qualités de celles des biens dont ils nous privent ; les premiers biens font, la vie, la liberté, les poffeffions, la bonne conftitution de la fociété où nous vivons, enfin la paix & l'union avec les fociétés voifines ; ainfi les vices les plus graves font, l'inhumanité, l'injuftice, la mauvaife foi, la lâcheté, l'efprit de revolte, la violence & l'ambition : tous les autres vices qui n'attaquent point les vertus de première néceffité & les biens naturels, forment un genre de corruption moins criminel & qu'on ne doit nullement confondre avec le premier : ainfi plus ou moins d'ufage des richeffes & des plaifirs, n'eft jamais qu'un abus tolérable en comparaifon des vices dont je viens de parler, fur tout lorfque la conftitution de l'état eft telle qu'elle n'en eft pas directement violée.

PAR ces principes nous devons juger que le plus haut degré de corruption, se trouve, ainsi que je l'ai dit plus haut, parmi ces nations sauvages qui n'ont ni mœurs, ni loix, ni gouvernement, ni union avec leurs voisins, ni droit des gens pour assurer leurs vies, leur liberté & leurs biens, & dont les misérables destinées font l'éternel jouet de quelques préjugés & de toutes les passions.

PAR là nous trouverons encore une très-grande corruption dans ces siécles fameux de l'antiquité où les Peuples n'avoient point d'autre industrie ni d'autre institution que la guerre, ce crime & ce malheur qui les renferme tous : leurs vertus même par un égarement monstrueux se rapportoient uniquement à cet objet ; & que pouvoit produire en effet une frugalité oisive, une pauvreté qui avoit tout à acquerir & rien à perdre, une dureté de mœurs qui ne vouloit être adoucie par rien ? Que restoit-il, sinon de se haïr & de se combattre sans cesse, ne fût-ce que par desœuvrement, si ce n'étoit par férocité & par ambition ? C'est ainsi que Rome

toujours armée & toujours sanglante
a été pendant plus de six cens ans
l'ennemie du monde, avant d'en être
la maîtresse. Détournons les yeux un
moment de cette ville superbe ; por-
tons-les sur les ruines de cent villes
dépouillées, dépeuplées, ravagées par
le fer & le feu ; considérons ce qu'il
en a coûté au genre humain pour la
gloire d'un seul Peuple, & admirons
encore si nous l'osons, le barbare
syſtême des vertus anciennes qui
renfermées dans les murs de chaque
ville, ne voyoient dans le reste du
monde que des ennemis, & ne s'exer-
çoient que pour le meurtre & la
destruction.

APPLIQUONS enfin ces principes
à cette horrible corruption de notre
siécle, qui nous a valu tantôt les noms
de lions & de tigres, tantôt l'épi-
thète de fourbes & de fripons, capa-
bles de tous les vices qui n'exigent
pas du courage, & tant d'autres in-
vectives répétées à chaque page par
notre adversaire. Je dédaigne les
avantages que je pourrois tirer d'une
déclamation aussi outrée, pour me
renfermer uniquement dans mon su-

jet : je ne nierai pas qu'il n'y ait parmi nous des richesses mal acquises & dont on abuse pour le faste & la mollesse, pour la séduction de la vertu & le salaire du vice ; j'avoüe, que l'ostentation monstrueuse de quelques fortunes forme un contraste odieux avec la pauvreté d'un grand nombre d'hommes, & qu'elle répand de proche en proche une émulation de luxe ruineuse, & dont les mœurs ont beaucoup à souffrir par le prix qu'elle attache aux choses superflues & par le vif aiguillon dont elle presse la cupidité ; je ne puis dissimuler enfin que la recherche de certains agrémens prétendus, l'excès de la dissipation, de la frivolité & de l'amour du plaisir, ne nuisent infiniment aux talens & aux vertus.

Après ces aveux, j'observerai que cette corruption est du genre le plus excusable, puisqu'elle n'attaque ni la paix, ni le gouvernement, ni la liberté, ni la possession de tous les biens naturels, & qu'elle permet à chacun d'acquerir, de jouir, & d'être vertueux, sans être troublé par la violence & l'injustice.

TELLE qu'elle eſt cependant, ſi elle avoit infecté la maſſe entière de la nation, peut-être les hyperboles de nos adverſaires commenceroient à avoir quelque fondement ; mais ſi ce ne ſont là que les mœurs de quelques quartiers de la Capitale, mépriſerons-nous tout le reſte de l'Etat qui n'y participe point ? ne daignerons-nous voir dans la ſociété actuelle qu'un compoſé de *Cuiſiniers*, *de Poëtes*, *d'Imprimeurs*, *d'Orfévres*, *de Peintres & de Muſiciens* ? & oublierons-nous, comme on affecte de le faire, le travail aſſidu du Laboureur & de l'Artiſan, l'induſtrie & la bonne foi du Commerce, la modération du Citoyen dans ſa médiocrité, l'intégrité & l'application du corps nombreux de la Magiſtrature, les vertus enfin & le zèle de tant de Miniſtres eccléſiaſtiques, auxquels l'antiquité n'a rien de ſemblable à oppoſer ? N'eſt-ce donc plus dans ces états divers que l'on doit chercher les mœurs d'un Peuple ? quelques Gens de cour & leurs flateurs, quelques Millionaires & leurs paraſites, quelques Fous, jeunes & oiſifs, auroient

p. 91.

ils feuls le droit de repréfenter la Nation ?

LES Paffions naturelles font de tous les temps : partout où il y aura des cœurs humains, on trouvera l'a-mour des richeffes, des honneurs & des plaifirs ; les femmes voudront plaire, & les hommes voudront fé-duire : les Paladins de Charlemagne, les Croifés, & les Ligueurs avoient plus ou moins le fonds de notre cor-ruption : nous n'en différons que par le vernis & les nuances, & tout au plus par quelques paffions d'opinion : les vices fecrets font menacés par la Religion, les vices publics doivent être réprimés par le gouvernement ; ainfi s'il y avoit quelque profeffion où les fortunes fuffent rapides, infaillibles & énor-mes, où elles fe fiffent fans rifque & fans peine, fans talent & fans utilité pour la patrie ; fi des fortunes odieufes étoient enfuite réhabilitées par de grandes places & par des al-liances illuftres ; s'il y avoit des ex-cès de luxe qui formaffent des difpa-rates choquants ; fi le vice payé par la richeffe, triomphoit avec infolence ; fi des hommes ofoient afficher leur perverfité, & des femmes leur honte, ce feroit la faute des Loix.

Les Gouvernemens modernes fi vigilans contre le crime, ne fçavent point flétrir le vice ; ils font encore dans l'enfance à cet égard : occupés jufqu'ici à fe fortifier, ils n'ont confidéré les mœurs que du côté par lequel elles intéreffent la Politique ; le bon ordre purement moral n'a point été l'objet de leurs foins.

Que les Loix ferment le plus qu'elles pourront les mauvaifes voies à la fortune, qu'elles châtient l'abus des richeffes ; en retranchant les objets exceffifs de la cupidité, elles réduiront la cupidité même dans de juftes limites ; qu'elles veillent attentivement fur les plaifirs publics, afin que la décence & les mœurs n'y foient pas violées, du moins habituellement ; qu'elles forcent au travail & au mariage l'oifiveté & le célibat trop foufferts parmi nous ; cette corruption tant reprochée difparoîtra auffitôt ; & combien cette réforme eft-elle plus facile, qu'il ne l'a été d'é-

tablir l'autoriré & l'obéïſſance , &
de délivrer les Peuples de l'oppreſ-
ſion des Grands ? Il ſuffiroit de le
vouloir pour réüſſir : le cri général
eſt le cri de la vertu.

MAIS pour cela faut-il nous ra-
mener à l'égalité ruſtique des premiers temps ? les mœurs ſont - elles
donc incompatibles avec les richeſſes ? Si nous recherchons l'origine
de ce ſyſtême d'égalité tant vanté
chez les Anciens , nous trouverons
qu'il portoit ſur un faux principe qui
ſuppoſe tous les hommes égaux dans
l'ordre de la nature : je conviens
qu'ils ſont tous égaux dans leur orgueil & dans leurs prétentions , mais
l'homme & la femme , la vieilleſſe,
l'âge viril & l'enfance , le malade
& celui qui eſt en ſanté , ſont - ils
égaux en effet ? le courageux & le
timide , l'imbécille & le ſpirituel,
le pareſſeux , l'induſtrieux , le robuſte & le foible le ſont-ils davantage ?

LE caractère de la nature eſt la
variété , & elle ne l'a peut-être im-
primé dans aucun de ſes ouvrages

plus fortement que dans l'homme :
deux hommes ne font point égaux
en force, en adreffe, en coûrage,
en efprit ; les traits de leurs vifages
ne font pas plus différens que leurs
tempéramens, leurs qualités, leurs
talens, & leurs goûts : dès les premiers ans de l'enfance, des yeux at-
tentifs voient éclater les traits dif-
tinctifs du caractère ; c'eft que la
nature nous ayant deftinés à vivre
en fociété, il falloit que nos qualités fuffent inégales relativement à
l'inégalité des places que nous de-
vions occuper ; les uns devoient naître pour les fonctions les plus baf-
fes de la fociété, afin que celles qui
font les plus relevées & les plus im-
portantes puffent être remplies fans
diftraction : car fi chacun eût cultivé
fon champ lui-même, quel temps
feroit-il refté pour inventer les Arts
& les Sciences, faire des Loix & les
maintenir en vigueur ? l'inégalité
naturelle eft la bafe de l'inégalité
politique & civile néceffaire dans
toute fociété.

Plus les fociétés font foibles,

plus il y a d'égalité entre ceux qui les compofent ; ainfi l'inégalité eft moindre entre des enfans qu'entre des hommes faits. Il eft certain que lorfqu'il n'y avoit point d'autre nature de biens que des fonds de terre, il convenoit qu'ils fuffent partagés également ; ce n'étoit pas un rafinement de Politique ni de Philofophie, qui avoit fait imaginer ce partage aux premiers Légiflateurs ; c'étoit tout fimplement la néceffité qui les y avoit conduits.

CETTE égalité n'étoit autre chofe que le défaut de talens, d'arts, d'induftrie, & de commerce ; elle fut détruite par des vices, elle l'auroit été tout de même par des vertus ; elle devoit être la première victime facrifiée à la perfection du genre humain ; l'égalité parfaite ne produifoit que des laboureurs & des foldats, & comme les hommes font néceffairement avides de diftinctions, ne pouvant en efpérer d'ailleurs, ils en cherchoient à la guerre ; ainfi ces premières fociétés fe combattirent avec acharnement : c'étoit un

état de guerre perpétuel de tous contre tous, c'eſt-à-dire un état de cala-
mités ſans fin : un ou pluſieurs Etats
s'aggrandirent enfin par la deſtruc-
tion de pluſieurs autres ; l'inégalité
s'introduiſit entr'eux, & par une ſuite
néceſſaire entre les membres qui les
compoſoient ; dès-lors les hommes
commencèrent à être moins malheureux ; il n'y eut plus qu'une portion
de ces grandes ſociétés qui fut obligée
de porter les armes ; il n'y eut plus
que des frontières qui ſouffrirent les
horreurs de la guerre ; l'intérieur des
grands Etats jouit d'une paix éternelle ; l'induſtrie & l'émulation naquirent de l'oiſiveté , puiſqu'il plaît à
nos adverſaires d'appeller de ce nom
l'état des hommes lorſque la Patrie
ceſſa de les occuper tous à la guerre ;
les Citoyens ſe diviſèrent en fonctions & en claſſes nouvelles ; les talens ſe connurent ; on vit éclore le
commerce, les arts, les ſciences ;
le monde prit une face animée, bril-
lante & heureuſe ; l'inégalité ſeule
enſeigna aux hommes la légitime deſ-
tination de leurs facultés naturelles ;
elle leur apprit à ſe rendre heureux

les uns par les autres ; elle devint
enfin la fource féconde de tous les
biens, dont nous jouiffons.

PARMI tant de biens elle enfanta
les richeffes, cet éternel objet de la
Satire. A leur égard j'obferverai
d'abord qu'aucune Conftitution politique n'eft exempte de tout inconvénient, & que la grande inégalité
des biens étant l'inconvénient propre
aux grands Etats, on doit la fuppor-
ter en confidération des avantages
politiques, aufquels elle eft effentiellement liée.

LE commerce du nouveau monde
& la découverte de fes tréfors ont
été une fource naturelle de la multiplication des richeffes, & ont changé néceffairement le fyftême des
mœurs à cet égard, fans qu'elles ayent
pu le prévoir ni l'empêcher, & fans
qu'elles ayent eu fujet de s'en offenfer.

A ces obfervations j'ajouterai que
chez un Peuple bien gouverné, les
richeffes excitent dans ceux qui les
defirent l'induftrie, le travail & le
talent, par l'envie de les acquerir; &

dans ceux qui en jouiffent , l'amour de l'ordre , des loix & de la paix, par la crainte de les perdre ; elles animent en même-temps la cupidité ; mais cette paffion n'eft pas toujours un vice dans un Etat puiffant , puifqu'elle peut très légitimement fe propofer les plus grands objets , & qu'elle eft même un reffort néceffaire pour un grand nombre d'opérations du gouvernement.

LES richeffes font la fource d'une infinité de biens moraux ; elles donnent l'éducation , elles cultivent les talens & les connoiffances , elles mettent à portée des places où l'on peut être utile à la Patrie ; la vertu peut donc & doit même les defirer ; enfin une plus grande multiplication de richeffes laiffe entre les hommes les mêmes proportions, qu'une moindre , à l'exception qu'elle rend la condition d'un petit nombre plus heureufe , fans empirer celle des autres.

QUE dis-je ? les richeffes en embelliffant la fcène du monde, ne contribüent pas moins au bonheur du

pauvre qui en a le spectacle tranquille, qu'à celui du riche qui en a la pof-
feffion inquiéte : croira-t-on que pour
bien goûter la magnificence des pa-
lais, des temples, des jardins, des
cérémonies, & des fêtes, il foit
néceffaire d'en avoir fait les frais ?
faut-il être Roi de France pour jouir
de Verfailles & des Thuilleries ?
quelle plus délicieufe jouiffance que
celle de l'artifte même ? Celui-là feul
a la plus parfaite propriété des productions des Arts, qui a le plus de
goût & de fentiment.

AJOUTONS que dans un Etat riche tant de voies imprévues font ou-
vertes de toutes parts à la fortune, que
perfonne n'éprouve le defefpoir de
la pauvreté ; tandis que la crainte
trouble le repos des riches dans leurs
lits de pourpre, la divinité des malheureux, l'efpérance berce le pauvre,
& lui peint avec d'agréables couleurs
la perfpective de l'avenir.

IL eft à propos de faire remarquer
ici une contradiction finguliére de
nos adverfaires ; d'un côté ils font

valoir la pauvreté antique ; comme
un état qui faifoit le bonheur des
hommes , de l'autre ils emploient les
plus triftes couleurs pour peindre la
pauvreté moderne , & ne négligent
rien pour nous attendrir fur fon fort :
d'où peut naître cette prodigieufe différence que l'on fuppofe gratuite-
ment ? la terre , les travaux néceffaires pour la cultiver , les befoins
naturels ont-ils donc changé ? S'il y
a quelque différence , c'eft que nos
laboureurs vendent leur travail &
leurs denrées à des gens plus riches ,
c'eft qu'ils font plus affurés d'être
récompenfés de leurs peines & dé-
dommagés de leurs pertes.

Nous nourriffons , dit-on, notre P. 90.
oifiveté de la fueur , du fang & des
travaux d'un million de malheureux :
j'aurois cru ces reproches mieux fondés contre ces Peuples anciens qui
font les favoris de notre adverfaire :
quels étoient en effet les talens &
les occupations de fes chers Spartiates , dont l'oifiveté étoit confacrée
par les Loix, & chez qui toute efpèce
de travail étoit exercée par une claffe

d'hommes privés, en naiſſant, de leur liberté , & condamnés ſans retour à travailler , à acquerir , & à produire même des enfans au profit d'un maître barbare , à qui la Loi donnoit droit de vie & de mort ſur eux ? tels furent les uſages de toute l'Antiquité; tels étoient ces Peuples dont on vante le bonheur , tandis que l'on peint comme malheureux parmi nous des hommes dont le travail & l'induſtrie ſont exercés librement & à leur profit ; qui nés pauvres à la vérité ne ſont pas du moins privés de l'eſpoir des richeſſes & ſont maintenus par les Loix dans la poſſeſſion de leur liberté, le plus cher de tous les biens , & d'une ſorte d'égalité même avec les Riches & les Puiſſans.

Les noms de riche & de pauvre ſont relatifs , dit-on ; c'eſt-à-dire que là où il y a des Riches il y a beaucoup plus de Pauvres par comparaiſon ; mais il eſt abſolument faux qu'il y ait plus de pauvreté réelle ; elle eſt toujours ſoulagée par l'eſpérance, la participation ou les bienfaits de la richeſſe : il eſt certain que les fleaux
de

de la famine étoient bien plus fréquens & bien plus funestes dans les
siécles pauvres.

Qu'on nous assure après cela, que *p.* 83.
s'il n'y avoit point de luxe il n'y auroit point de pauvres : il n'y a qu'un
changement à faire à cette proposition, pour qu'elle devienne vraie ;
c'est de la rendre précisément con-
tradictoire à elle-même , & de dire
qu'il n'y auroit que des pauvres s'il
n'y avoit point de luxe. Qu'étoit
en effet tout le Peuple Romain lorsqu'il se retira en corps de sa Patrie,
extrémité la plus étrange dont il soit
parlé dans aucune Histoire ? Qu'é-
toient tant de Nations qui ne pouvant subsister dans leur pays, alloient
dans des climats plus heureux con-
querir par les armes des terres qui
pussent les nourrir ?

Nous avons dit que le luxe oc- *p.* 83.
cupoit les Citoyens oisifs. On nous
demande pourquoi il y a des citoyens
oisifs ? je répons que c'est parce qu'ils
ne peuvent manquer de l'être par tout
où il n'y a ni arts, ni industrie, ni *p.* 84.

F

commerce. Quand l'agriculture étoit en honneur, continue-t-on, il n'y avoit ni misère ni oisiveté : que l'on daigne donc nous apprendre les causes de ces émigrations si fréquentes dans les temps anciens, & dont on ne voit plus d'exemples de nos jours. D'ailleurs si l'agriculture peut suffire à la subsistance des habitans dans certains pays, elle ne le peut pas de même partout : de là vient que beaucoup de Peuples privés de la ressource du Commerce & des Arts sont obligés de vivre de pillage : la Hollande ce pays si puissant & si heureux, que seroit-il sans elle ? la retraite d'un Peuple de brigands, ou peut-être l'asyle de quelques pêcheurs.

On ajoute que le luxe nourrit cent pauvres dans nos Villes, mais qu'il en fait périr cent mille dans nos Campagnes. Le luxe est si peu la cause de la misère de la campagne, que le Paysan n'est nulle part plus riche qu'au voisinage des grandes Villes, de même que sa pauvreté n'est jamais plus grande que là où il en est le plus éloigné. Que le luxe augmente

ou diminue, que lui importe ? l'usage
de la dentelle & de la soie dispense-
t-il de manger du pain & de le payer ?
les productions de la terre en sont-
elles moins nos premiers & nos plus
indispensables alimens ? peuvent-
elles jamais perdre leur valeur pro-
portionnelle avec le prix de l'or &
de l'argent, & celui des productions
des Arts. (*)

PLUSIEURS conditions nouvelles
se sont élevées par le commerce &
l'industrie, mais l'agriculture n'y a
rien perdu, & n'y pouvoit rien
perdre : on regrette sans cesse le
temps où elle étoit en honneur ; mais
quel étoit ce temps ? dans la Gréce,
à Sparte même, elle n'a jamais été
exercée que par des Esclaves; à Rome
on ne tarda pas à suivre cet exemple. Que nous oppose-t-on donc ?
apparemment les siécles fabuleux du
commencement du monde : parmi

(*) Il est donc abso-
lument faux que l'ar-
gent qui circule entre les
mains des Riches & des
Artistes, soit perdu,
comme on le prétend, pour la subsistance du
Laboureur; & que celui-
ci n'ait point d'habit,
précisément parce qu'il
faut du galon aux au-
tres.

nous au contraire, fi on la confidére
d'un œil philofophique, elle eft peut-
être l'état le plus libre & le plus indépendant de la Nation, & le feul
à l'abri des viciffitudes de la fortune ;
fi elle a quelque chofe à craindre,
c'eft uniquement de l'excès des impofitions. (*)

I L y a de la pauvreté dans notre
conftitution actuelle, mais il y en
avoit plus encore, comme je l'ai
prouvé, dans les fociétés anciennes ;
on en peut dire autant de toutes celles qui n'ont point nos arts ni notre
luxe : d'ailleurs il eft néceffaire qu'il
y ait des pauvres dans toute efpèce

P. 83.

(*) On s'écrie : *il
faut des jus dans nos
cuifines, voilà pour-
quoi tant de malades
manquent de bouillon ;
il faut des liqueurs fur
nos tables, voilà pour-
quoi le Payfan ne boit
que de l'eau ; il faut
de la poudre à nos per-
ruques, voilà pourquoi
tant de pauvres n'ont
point de pain.*
Pour que ces objec-
tions euffent la force
qu'on veut leur don-
ner, il faudroit prou-
ver que les jus, les li-
queurs, & la poudre,
caufent une difette
réelle des chofes dont
elles font compofées ;
mais fi au contraire
laconfommation qu'el-
les occafionnent, n'a
aucune proportion
avec l'effet qu'on lui
attribue, fi le vin, le
bled, & le bétail ne
manquent point, on
doit avouer que ces
prétendues caufes font
abfolument imaginai-
res.

de Société, parce que le travail en est l'ame, & que le besoin seul peut y forcer la multitude : le travail, il est vrai, doit fournir à la subsistance de l'homme ; mais s'il n'y suffit pas, à qui doit-on s'en prendre ? est-ce à la richesse ? quoi de plus absurde ? qui peut donner & qui donne en effet de meilleurs salaires qu'elle ? plus il y a de luxe, c'est-à-dire plus le superflu est acheté chérement, plus il est impossible que le nécessaire soit au dessous de son prix.

Dans l'ancienne égalité au contraire, la pauvreté étoit sans ressource ; ceux qui avoient été forcés de contracter des dettes étoient dans une impuissance absolue de les acquitter, n'y ayant alors ni Commerce ni Arts qui pûssent rétablir leur fortune, & les Riches ne l'étant pas assez pour remettre généreusement ce qui leur étoit dû : il s'ensuivoit des violences atroces contre les débiteurs : employés par leurs créanciers aux travaux les plus durs, on leur mettoit les fers aux pieds, on les attachoit au carcan, on leur déchiroit le corps à coups de verges ; une Loi des douze Tables les condamnoit à être vendus comme efclaves, ou à perdre la tête ; on peut lire dans Denys d'Halicarnaffe le Difcours de Sicinnius à ce fujet ; la retraite du Peuple Romain fur le Mont-Sacré n'eut pas d'autres motifs que ces affreufes duretés.

Si l'on confidére la totalité d'une Nation, les richeffes exceffives & leurs abus font très-rares ; il eft donc aifé d'y remédier ; des vices qui n'apartiennent qu'à un petit nombre ne peuvent allarmer, fur tout fi ce petit nombre eft envié & fi tout le refte confpire avec empreffement à lui impofer un frein. Il n'en étoit pas de même de la pauvreté des Anciens, elle étoit univerfelle ; elle produifit un vice général & le plus grand de tous, la paffion de la guerre. Le premier bien que les richeffes aient fait aux hommes a été de leur infpirer l'amour de la paix ; les Nations les plus commerçantes font les plus pacifiques : le courage qui fe défend eft la plus grande des vertus ; le courage qui attaque, le plus grand des crimes ; faute d'avoir connu cette différence, les Anciens les couronnoient l'un & l'autre du même laurier ; n'ayant que du fang à perdre, & placés entre la misère & la gloire, il n'eft pas furprenant qu'ils fe paffionnaffent pour celle-ci, & que cette paffion les portât à tout ; mais depuis que les Nations modernes ont connu le bonheur, elles ne refpirent que la paix qui en eft l'unique foutien, & ne fe combattent qu'en gémiffant : le fanatifme de la gloire n'exifte plus que chez quelques Rois ; tous les Peuples en font guéris.

NE nous étonnons point au refte des préjugés de toute l'antiquité contre les richeffes ; elles étoient effentiellement condamnables, puifqu'elles étoient contraires à la Conftitution & aux Loix des petits Etats anciens, & plus encore parce qu'il n'y avoit alors aucune voie légitime pour en acquerir : le pillage des vaincus, les vexations des Alliés & des Sujets étoient la feule fource des richeffes chez les Romains ; ceux qui

avoient rendu les plus grands servi-
ces n'exerçant aucun Commerce &
ne recevant de l'Etat ni pensions ni
gratifications , il étoit presque impossible que de grandes fortunes fus-
sent innocentes.

MAIS nous qu'un meilleur Destin
a placés dans des temps plus heureux,
adopterons-nous de pareils préjugés ?
croirons - nous qu'il soit impossible
d'être vertueux sans être misérable ?
la vertu est-elle donc de sa nature un
effort violent & cruel ? doit-elle s'effrayer du bonheur , & le repousser
sans cesse ?

SI la vertu consiste en effet dans
une privation absolue , si *tout est précisément source de mal au de-là du nécessaire physique* , comme on veut nous
l'assurer , pourquoi cette profusion
immense de biens que la sagesse divine
présente si libéralement à nos besoins,
& même à nos plaisirs ? Quoi ! ces
innombrables bienfaits seroient autant de sollicitations au vice & au
crime ? la Nature entière ne seroit
qu'un piége ?

p. 127.

Non : l'Univers n'eſt point un vain ſpectacle pour nous ; il eſt formé pour notre conſervation & notre bonheur, pour nous ſervir, & nous plaire : nous jouiſſons ſans effort de la beauté de la nature, de l'éclat du jour, & du calme de la nuit, de la fraîcheur des bois & des eaux, de la douceur des fruits & du parfum des fleurs, tant nos plaiſirs ont été chers à l'Etre ſuprême ! tandis que nos beſoins ſont obligés d'ouvrir la terre pour en tirer un aliment indiſpenſable, & de chercher juſques dans ſes entrailles le fer néceſſaire pour la cultiver : chaque Contrée a des productions qui lui ſont propres, une infinité de choſes très-utiles ſont diſperſées dans les diverſes Régions, pour les réünir par la néceſſité des échanges ; c'eſt que l'induſtrie, le commerce, la navigation, tous ces Arts ſi coupables aux yeux de l'ignorance ou de l'humeur, ſont entrés dans les vues de la création : les beſoins des hommes ſont leurs liens, la nature les a multipliés exprès comme autant de motifs d'union : les nœuds les plus ſacrés n'ont pas d'autre ſource ; ceux de Père & de Fils font fondés principalement fur les befoins de l'enfance & de la vieilleffe : vouloir détruire nos befoins par une privation abfolue , c'eft outrager l'Etre fuprême , & rendre les hommes à la fois miférables & barbares.

SANS doute les richeffes ont fait naître de nouveaux vices , mais combien en ont-elles profcrits d'anciens ? combien ont-elles produit de vertus inconnues à la Pauvreté antique ? qu'on life dans l'Hiftoire Romaine la comparaifon de Tuberon & de Scipion Emilien ; l'un fidélement attaché à la pauvreté qu'il avoit héritée de fes pères fe diftinguoit par fa frugalité & fa tempérance inviolable ; l'autre n'étoit pas moins recommendable par le noble ufage qu'il faifoit de fes immenfes richeffes ; le premier toujours admiré, le fecond adoré & chéri , tous deux avec une vertu égale ; Tuberon inflexible & févère avoit la gloire de méprifer le bonheur , Scipion généreux & compatiffant goûtoit la volupté de faire des heureux.

LA Philofophie a un ordre de vertus qui lui font propres , & qui ne
fçauroient être celles de la multitude : les vertus dures fuppofent une
infpiration particulière ; il eft bon
qu'elles fe trouvent pour la montre
& l'exemple dans quelques ames pri-
vilégiées , mais elles ne font pas faites pour la totalité des hommes ; elles
fe communiquent difficilement , & ne
peuvent fe conferver qu'à force d'i-
gnorance , état dont il faut abfolument fortir tôt ou tard ; toutes chofes d'ailleurs égales , la vertu , qui
fe fait aimer , doit avoir l'avantage ;
il faudroit , s'il étoit poffible , qu'elle
en vînt jufqu'à féduire.

JE termine enfin cette longue di-
greffion fur la corruption & la vertu ; je paffe à la juftification des
Sciences & des Arts contre les nouvelles accufations qu'on leur a inten-
tées ; je confidére la Science en elle-
même ; fon objet eft de connoître la
vérité , fon occupation de la chercher , fon caractère de l'aimer , fes
moyens enfin font de fe défaire de
fes paffions , de fuir la diffipation &

l'oifiveté. Parmi les objets qu'elle fe
propofe , les uns font néceffaires &
les autres utiles : la Métaphyfique ,
la Morale , la Jurifprudence , la Politique font de première néceffité :
fans elles l'homme n'eft que le plus
miférable & le plus dangereux de
tous les animaux ; c'eft à elles uniquement qu'il doit la connoiffance
de fon être & de fes rapports , la
jufteffe de fes idées , la rectitude de
fes fentimens , tous les principes &
toutes les douceurs de la fociété :
l'Hiftoire nous offre le recueil des
expériences fur lefquelles ces premières Sciences font fondées ; tous
les Arts qui fervent à la faire connoître , participent de fon utilité : la
Phyfique vient enfuite , la connoiffance des élémens & des propriétés
de tous les corps, qui ont ou peuvent
avoir quelque rapport avec nous ,
l'Anatomie , l'Aftronomie , la Bota-
nique , la Chymie nous fourniffent
mille découvertes d'une utilité infi-
nie ; on en peut dire autant de toutes les parties des Mathématiques ; la
méthode de la Géométrie eft le flambeau même de la vérité , elle répand

fa lumière fur toute la Phyfique &
fur tous les Arts ; la Grammaire , la
Logique , & la Rhétorique enfin qui
font les inftrumens néceffaires de
toutes nos connoiffances & de leur
communication , ont éclairci & fixé
les notions vagues qui flottoient dans
les efprits , affermi & guidé nos jugemens , & par la chaîne combinée des
idées ont porté la certitude & l'évidence dans des queftions qui échap-
poient même à nos conjectures.

QUELLE fatire oferoit verfer fon
venin fur ce digne emploi de nos facultés ? où trouve-t-on dans tous ces
objets la fource de cette corruption
tant reprochée ? Comment ofe-t-on
dire *que la vanité & l'oifiveté qui ont* p. 70.
engendré le luxe , ont auffi engendré
nos Sciences , & que ces chofes fe tien-
nent affez fidelle compagnie, parce qu'el-
les font l'ouvrage des mêmes vices ?
Quoi ! tous les Philofophes moraux ,
tous les Légiflateurs , ces Spécula-
teurs fi profonds , fi appliqués & fi
fublimes , n'étoient que des hommes
vains & oififs ? Quoi ! leurs Précep-
tes , leurs Loix , & leurs exemples

n'étoient que l'ouvrage de leurs vices?
Qu'appellera-t-on du nom de vertu?
Ainsi tout genre de travail sera né de
l'oisiveté, parce qu'il a fallu se réfer-
ver le temps de s'y appliquer, & ac-
cusé de vanité, par là même qu'il est
digne de louange.

Loin de ces chimères je trouve
au contraire que toutes les Sciences
sont autant de remédes contre les
vices politiques, moraux & physi-
ques qui assiégent notre existence :
on avoit besoin de pain, & on cul-
tiva la terre ; on eut de même besoin de mœurs & de Loix, on inventa
la Politique & la Morale ; de nos
besoins corporels, de nos maladies
& de nos infirmités, nâquit l'étude
de la Physique ; il falloit démontrer,
persuader la vérité & détruire les
sophismes de l'erreur, on perfection-
na l'Art de la parole & celui du rai-
sonnement : l'origine des Sciences
n'a donc rien que de pur & d'utile ;
vouloir leur en supposer une autre,
c'est fermer les yeux à la vérité &
à la lumière.

QUE l'on nous montre donc enfin quels genres de corruption naiffent des Sciences ; eft-ce la férocité & la violence des Nations fauvages ? mais leur effet le plus néceffaire eft l'adouciffement des mœurs. Eft-ce cet efprit de guerre & d'ambition qui a fait des Peuples illuftres de l'antiquité les fleaux de l'Univers ? elles ne refpirent que l'union & la paix. Dira-t-on qu'elles font la fource de la cupidité ? mais la route qu'elles tiennent eft diamétralement oppofée à celle de la fortune & de la grandeur. Infpirent-elles l'amour du plaifir ? elles font prefque inaffociables avec lui.

MAIS , nous dit-on , les vices des p. 67. *hommes vulgaires empoifonnent les plus fublimes connoiffances & les rendent pernicieufes aux Nations ;* fans doute , les paffions corrompent les chofes les plus pures ; elles abufent de la Religion , faut-il pour cela la détruire ? faut-il lui imputer leurs crimes ? & moi, je dis ; fi les plus fublimes connoiffances ne font pas à l'abri de leurs coups, comment l'ignorance pour-

ra-t-elle s'en préferver ? fi le vice
perce à travers le bouclier de la Philofophie, quel fera fon triomphe fur
l'ignorant defarmé ! s'il abufe de la
vérité, quel abus monftrueux fera-
t-il des erreurs & des préjugés ! nous
en avons vu les terribles exemples
chez les Nations fauvages. (*)

Il eft vrai qu'il y a des Sciences
& des Arts qui ne naiffent ou ne fe
perfectionnent que par la puiffance,
les richeffes & la profpérité ; ces
Arts peuvent être contemporains des
vices, mais ils n'en font point la
fource ; les mœurs corrompent quelquefois les Sciences & les Lettres, qui
ne fe fauvent pas toujours de la corruption, mais qui en font fouvent le
reméde.

Plus on examine la nature de la
Science, fes objets & fes moyens,

<p. 92.>

(*) On convient ce-pendant *qu'il eft bon qu'il y ait des Philofo-phes, pourvu que le Peuple ne fè mêle pas de l'être* : mais à qui en veut-t-on ? Où eft-ce que le Peuple fe mêle de Philofophie ? dans l'inégalité actuelle des fociétés, il lui eft plus impoffible que jamais d'avoir ce défaut, fi c'en eft un.

plus

plus on voit que de toutes les chofes humaines, elle eft abfolument celle
qui a le moins d'affinité avec les vices:
l'amour de la vérité quand il eft extrême, eft le deftructeur des paffions ;
lorfqu'il eft modéré, il en eft du moins
une diverfion : Syracufe retentit des
gémiffemens des vaincus , & des
cris barbares des vainqueurs : Archi-
mede feul eft tranquille ; il n'entend
que la voix de la vérité ; fon corps
eft frappé du coup mortel , fon ame
étoit déja dans les Cieux.

Les premiers Sçavans furent des
Dieux , dans la fuite on les appella
des Sages ; plus on étoit voifin de
l'ignorance, plus on en avoit connu
les vices , plus on fentoit le prix
des bienfaits de la Science ; à mefure
que les communications littéraires
font devenues plus étendues & plus
faciles, on a pu acquerir de la Science
fans en avoir l'amour ; par confé-
quent elle n'a pas toujours eté un
reméde affuré contre les paffions ;
mais en multipliant à l'infini fes Sectateurs, elle s'eft toujours réfervé un
nombre de favoris dignes d'elle ; elle

a donné toutes les vertus à fes élus ;
& en a du moins répandu fur le refte
de fes difciples quelques rayons qu'ils
n'auroient point connus fans elle.

P. 67. ON ajoute *que c'eft une folie de prétendre que les chimères de la Philofophie, les erreurs & les menfonges des
Philofophes puiffent jamais être bons à
rien ; on demande fi nous ferons toujours dupes des mots , & fi nous ne
comprendrons jamais qu'Etudes, Connoiffances, Sçavoir , & Philofophie, ne
font que de vains fimulacres élevés par
l'orgueil humain & très-indignes des
noms pompeux qu'il leur donne.*

DOIS-JE encore répondre à une
accufation auffi injufte? la plus légère
attention ne fuffit-elle pas, pour voir
que parmi tout ce qu'on appelle
Sciences, il n'y en a aucune qui n'ait
fait plus ou moins de découvertes,
détruit plus ou moins d'erreurs , &
aporté de très-grandes utilités ? vouloir le nier, n'eft-ce pas attaquer l'é-
vidence même ?

LES Philofophes, il eft vrai, font

tombés dans des erreurs : mais avant eux qu'y avoit-il autre chofe que des erreurs dans le monde ? l'ignorance n'avoit - elle pas les fiennes plus ridicules cent fois ? avant que des Philofophes euffent écrit fur les Aftres, les Cieux, les Cométes, la nature des ames, & leur état après cette vie, quelles abfurdités n'avoit-on pas imaginées ? des Nations entières avoient-elles attendu le fyftême mal interprété d'Epicure, pour chercher le bonheur dans la volupté des fens ? les idées les plus monftrueufes fur la nature divine n'avoient-elles pas précédé de bien loin tous les fyftêmes ?

Si l'ignorance pouvoit s'abftenir de juger, elle feroit fans doute moins méprifable & moins dangereufe ; malheureufement l'efprit humain ne peut être fans action ; il faut qu'il ait des opinions bonnes ou mauvaifes, il faut qu'il ait des préjugés s'il n'a pas des connoiffances, & des fuperftitions au défaut de Religion ; j'en appelle à tous les Peuples barbares qui exiftent de nos jours.

LES erreurs groſſières de l'ignorance furent d'abord remplacées par
celles de la Philoſophie, qui l'étoient
moins ; une nuit profonde couvroit
la route de la vérité , il fallut marcher dans ces ténébres épaiſſies pendant tant de ſiécles ; le flambeau de
la raiſon s'éteignoit à chaque pas ,
il fallut s'égarer long-temps , & ce
n'étoit en effet qu'à force de s'égarer
qu'on pouvoit trouver le vrai chemin : ſans doute un grand nombre
d'opinions anciennes ſont abandonnées , c'eſt la preuve même de nos
progrès ; mais l'Hiſtoire des naufrages ſeroit-elle inutile à la navigation ? Ne mépriſons pas l'hiſtoire de
nos erreurs , marquons tous les
écueils où ont échoué nos pères pour
apprendre à les éviter ; leurs mépriſes même nous enſeignent le prix de
la Science, qui veut être achetée par
tant de travaux : gardons - nous ſurtout de juger ce que nous ne ſçavons
pas par le peu que nous ſçavons ; ce
qui ne ſemble que curieux, peut devenir utile ; ce qui ne paroît qu'une
terre groſſière au premier coup d'œil,
cache quelquefois l'or le plus pur.

N'allons pas nous infatuer de notre
siécle , comme l'ont fait sottement
tant de générations , & juger d'avan-
ce sur nos petits succès les siécles innombrables qui germent dans le sein
de la nature ; en conséquence de
l'inutilité de la Philosophie péripa-
téticienne pendant une si longue
suite d'années , n'auroit-on pas pu
se croire fondé à condamner l'étude
de la Physique ? Il est pourtant vrai
qu'on se seroit trompé ; l'erreur est
la compagne inséparable de l'ignorance , & elle n'est chez les Philosophes que par hazard & pour un temps;
la Philosophie trouve dans ses principes de quoi s'en guérir , tandis que
l'ignorance est par sa nature même
éternellement incurable. (*)

(*) Que l'on s'écrie
p. 81. que *les Sciences entre
les mains des hommes
sont des armes données*
p. 81. *à des furieux ; qu'il
vaut mieux ressembler
à une brebis qu'à un*
p. 117. *mauvais Ange ; qu'on
aime mieux voir les
hommes brouter l'herbe
dans les champs que
s'entre-dévorer dans les
villes :* ces antithéses,
ces comparaisons élo-
quentes , prouveront
tout au plus la persua-
sion de l'Auteur , &
nullement la question
même : passer rapide-
ment d'un extrême à
l'autre , sans daigner
appercevoir les mi-
lieux qui les séparent ,
c'est ne voir que des
vices & des erreurs,
c'est anéantir à la fois
la vérité & la vertu.

J'ai avancé que *les*

*Il y a, dit-on, une sorte d'igno-
rance raisonnable, qui consiste à borner*

bons Livres étoient la seule défense des esprits foibles, c'est-à-dire des trois quarts des hommes, contre la contagion de l'exemple : que répond-on ? 1°. Que les Sçavans ne feront jamais autant de bons Livres qu'ils donnent de mauvais exemples : c'est ainsi que l'on déchire d'un trait, non seulement tous les gens de Lettres qui forment nos Académies, non moins attentives aux mœurs qu'à la Science, mais encore tant de Ministres de la Religion, tant d'hommes consacrés à la vie la plus austère, qui composent assurément la plus grande partie de nos Sçavans : heureusement notre adversaire ne cherche qu'à étonner par la vigueur de ses assertions ; s'il eût voulu démontrer celle-ci, il eût été certainement dans un grand embarras.

Il ajoute *en second lieu, qu'il y aura toujours plus de mauvais Livres que de bons.* S'il entend par mau-

vais Livres, des Livres contraires aux mœurs, sa proposition est évidemment insoutenable ; s'il prétend parler des Livres inutiles, elle ne devient pas plus vraie ; s'il qualifie ainsi les Livres mal faits, je lui répondrai que ces Livres, dès qu'il enseignent quelque chose, sont bons, jusqu'à ce qu'il y en ait de meilleurs sur la même matière ; l'usage seulement autorise ensuite à les appeller mauvais par comparaison, sans qu'ils soient pour cela précisément mauvais en eux-mêmes : d'ailleurs il faut faire attention qu'il ne s'agit ici que des Livres faits par des Sçavans, & qu'ainsi il n'y est nullement question des ouvrages purement frivoles.

Enfin on m'oppose *que les meilleurs guides que les honnêtes gens puissent avoir sont la Raison & la Conscience ; quant à ceux qui ont l'esprit louche ou la conscience endurcie, la lecture, dit-on,*

p. 121.

p. 121.

p. 121.

sa curiosité à l'étendue des facultés qu'on a reçues ; une ignorance modeste , qui

ne peut jamais leur être bonne à rien.

On remarquera que dans toute cette Réponse il n'y a pas un mot des *esprits foibles* dont j'avois parlé; ainsi avec les plus belles divisions du monde , on ne touche seulement pas à la question ; on suppose que tous les individus qui composent le genre humain ont naturellement de la probité, ou de l'endurcissement, ou même l'esprit de travers, sans que rien puisse perfectionner leurs vertus ou rectifier leurs mauvais penchants ; supposition qui se réfute si bien d'elle-même, que je me crois parfaitement dispensé de l'attaquer.

p. 89,   Par une suite de ces mêmes principes on nous assure *que la Philosophie de l'Ame , qui conduit à la véritable gloire , ne s'apprend point dans les Livres ,* p. 121. *& qu'enfin il n'y a de Livres nécessaires que ceux de la Religion.*

Ce systême pourroit peut-être éblouir s'il étoit neuf; mais comme c'est précisément celui du Calife qui brûla la Bibliothéque d'Alexandrie, & qu'il est demeuré depuis sans Sectateurs, il y a lieu de douter qu'il ait aujourd'hui une meilleure fortune : que notre Adversaire me permette seulement de lui demander comment s'apprend donc cette Philosophie dont il parle ; seroit - ce par instinct ou bien par une inspiration surnaturelle? il le faut bien, selon lui ; car si on pouvoit l'acquerir par la voie de l'exemple , de l'instruction , de la réflexion , ou de la comparaison , je ne vois pas pourquoi la communication de toutes ces choses ne pourroit pas se faire par les Livres , & pourquoi les connoissances & les principes qu'un homme transmet à un autre en présence & de vive voix, ne pourroient pas être confiés à l'écriture.

On dit ailleurs *que la plûpart de nos tra-* p. 81.

naît d'un vif amour pour la vertu &
n'inspire qu'indifference pour toutes les

vaux font auffi ridicu-
les que ceux d'un hom-
me qui bien sûr de fui-
vre la ligne d'aplomb
voudroit mener un
puits jufqu'au centre
de la terre ? que répon-
dre à cela? irai-je com-
biner les divers degrés
de poffibilité ou d'im-
poffibilité des deux
termes de cette com-
paraifon ? mais quand
je l'aurai fait, on me
répondra par une com-
paraifon nouvelle ; &
ce fera toujours à re-
commencer ; car en
fait de raifonnemens
on peut voir la fin d'u-
ne queftion, mais la
fource des comparai-
fons eft intariffable,
& même plus elles font
abfurdes, plus il eft
difficile d'y répondre :
c'eft ainfi que cet hom-
me que l'on avoit ap-
pellé *Porte d'enfer* étoit
très - embarraffé à fe
juftifier. car comment
prouver qu'on n'eft pas
porte d'enfer ?

J'ai appellé l'igno-
rance *un état de crain-*
te & de befoin, & j'ai
prétendu *que dans cet*
état il n'y avoit point
de difpofition plus rai-

fonnable que celle de
vouloir tout connoître :
on n'a point fait d'at-
tention au mot *befoin*
qui étoit fans doute le
meilleur appui de mon
raifonnement, & on
a cherché à fe procu-
rer quelque avantage
en attaquant celui de
crainte tout feul ; on
m'a oppofé *les inquié-*
tudes des Médecins & p. 118,
des Anatomiftes fur leur
fanté ; mais 1º. quand
elles feroient auffi con-
tinuelles qu'on le pré-
tend, en eft-il moins
vrai qu'ils fe font gué-
ris par la Science, d'un
très-grand nombre de
terreurs imaginaires ?
il leur en feroit refté
de fondées & d'utiles ;
c'eft l'état de l'homme
apparemment ; il faut
croire que l'Auteur de
la Nature l'a voulu
ainfi : en fecond lieu,
quand même les crain-
tes des Anatomiftes
feroient augmentées
par la Science, ils
n'en deviendroient que
plus utiles au Genre-
humain, par les con-
noiffances que ces
craintes même les for-
ceroient * d'acquerir ;

chofes qui ne font point dignes de rem-
plir le cœur de l'homme & qui ne con-

un petit mal devien-
droit la fource d'un
grand bien , & y-a-t-il
des biens purs pour
l'homme ? On ajoute
que *la geniffe n'a pas*
befoin d'étudier la bo-
tanique pour trier fon
foin , & que le loup dé-
vore fa proie fans fon-
ger à l'indigeftion : tant
mieux pour la geniffe ,
fi elle a la faculté de
diftinguer tout natu-
rellement par le goût
même, les alimens qui
lui font propres ; à l'é-
gard des loups , nous
avons trop peu de
commerce avec eux
pour fçavoir fi leur in-
tempérance ne nuit
jamais à leur fanté , &
fi elle doit nous être
propofée pour modéle.
On demande fi pour
me défendre *je pren-*
drai le parti de l'inf-
tinct contre la raifon ?
Je ne ferois pas em-
barraffé à prendre un
parti s'il le falloit né-
ceffairement ; mais au-
paravant ne puis-je
point demander à mon
tour , fi nous devons
négliger de cultiver la
raifon que nous avons,
pour nous abandon-

ner à l'inftinct que
nous n'avons pas ?
J'ennuierois le Lec-
teur fi je voulois dé-
brouiller toutes les
chicanes que l'on m'op-
pofe dans les pages
123 , 124 , 125 : je ré-
pondrai fimplement
que je n'ai jamais pré-
tendu dire que Dieu
nous eût fait Philofo-
phes , mais qu'il nous
a fait tels que la def-
truction des erreurs ,
& la connoiffance de
la vérité font unique-
ment le prix de l'appli-
cation & du travail :
les premiers Philofo-
phes fe font trompés ;
leur exemple doit fer-
vir à nous corriger, non
point en ceffant de
philofopher , comme
on le prétend , puif-
que ce feroit nous re-
plonger pour jamais
dans les ténébres de
l'ignorance , mais en
évitant avec foin les
fauffes routes qui les
ont égarés ; & je ne
crains point d'avan-
cer malgré l'air de plai-
fanterie que l'on prend,
& qui n'eft point une
preuve, que nous avons
trouvé des méthodes

p. 119.
p. 119.
p. 124.

tribuent pas à le rendre meilleur , une douce & précieuse ignorance, tréfor d'une

très-utiles pour la découverte de la vérité, dans la Logique & la Métaphysique, & surtout en Physique & en Géométrie,

La page suivante suppofe éternellement ce qui est en question, c'est-à-dire que toutes les Sciences ne sont qu'abus, & que tous les Sçavans sont autant de Sophistes; j'y ai cherché inutilement quelque sorte de preuves : mais puisqu'on a tant de vénération pour Socrate, & qu'on l'appelle *l'honneur de* p. 66. *l'humanité parce qu'il fut fçavant & vertueux*, pourquoi est-il impossible que d'autres hommes réünissent ces deux qualités ? Qu'on en fasse donc un Dieu, si l'on prétend que nous ne puissions pas l'imiter; s'il fut un homme, pourquoi des hommes ne pourroiét-ils pas atteindre à sa vertu ? pourquoi se-roient-il coupables ou fous en y aspirant ? Socrate cenfuroit l'orgueil de ceux qui prétendoient tout fçavoir;

c'est - à - dire , ajoute-t-on , *l'orgueil de tous* p. 125. *les Sçavans* : mais dans quel siécle la défiance, le doute, l'esprit d'examen & de discussion, en un mot les principes même de Socrate ont-ils été plus en régne que de mos jours ? qui pourroit nier la chose la plus évidente?

Mais Socrate difoit lui-même qu'il ne fçavoit rien ; donc il n'y a ni Sciences ni Sçavans, il n'y a plus que de l'ignorance & de l'orgueil. Tout cela n'est qu'une pure chicane : on a avoué ailleurs que Socrate étoit Sçavant, & il croyoit sans doute fçavoir quelque chofe, puisqu'il enfeignoit toute la jeunesse d'Athènes; la modestie qu'il affectoit fur sa Science n'étoit qu'une ironie contre les Sophistes qui annonçoient qu'ils fçavoient tout , & on fçait que l'ironie étoit sa figure favorite ; si Socrate a été *fçavant & vertueux* , je puis donc le répéter , les Sciences n'ont donc

Ame pure & contente de foi , qui met toute fa félicité à fe replier fur elle-même , à fe rendre témoignage de fon innocence , & n'a pas befoin de chercher un faux & vain bonheur , dans l'opinion que les autres pourroient avoir de fes lumières : voilà l'ignorance , dit-on , qu'on a louée , &c.

Nous la louerons fans doute auffi, puifqu'on lui a donné les traits de la vertu : je conviens qu'avec un jugement droit & des inclinations pures , on peut être très-vertueux , fans être fçavant ; mais ce portrait orné de tant de jolis mots eft celui d'un homme & ne peut être celui de tous ; cette rectitude de bon fens , cette perfection de naturel font les dons les plus rares de la Nature , & ne fçauroient jamais appartenir à la multitude.

Au refte ce magnifique portrait

pas leurs fources dans nos vices , elles ne font donc pas toutes nées de l'orgueil , & c'eft ce qu'il s'agif-foit de prouver.

porte sur trois suppositions fausses ;
la première , que les facultés que
nous avons reçues de la Nature nous
interdisent l'espoir de la Science ;
la seconde que l'amour de la vertu
est incompatible avec l'amour de l'é-
tude ; la troisième enfin, que les Sciences ne contribuent · point à rendre
l'homme meilleur, & que l'objet principal des Philosophes est d'inspirer
une grande opinion de leurs lumières.

Mais s'il est vrai au contraire que
nous ayons des facultés propres à
connoître la vérité , si les Sciences
contribuent à fortifier les vertus &
à les faire aimer , s'il est faux que la
vanité soit leur principal objet , que
devient cette éloquente description ?
& ne serois-je pas fondé à mon tour
à faire le portrait d'un homme vertueux en y joignant la Science ? avec
cette différence que dans la première
supposition on a peint une vertu simple & innocente , obscurcie par des
préjugés nuisibles & honteux , & que
dans la seconde je peindrois une vertu
éclairée , forte & sublime , que la
Science même auroit instruite ; qu'on

décide à préſent de quel côté ſeroit
l'avantage.

COMME il a été impoſſible de
prouver que les Sciences contribuoient à notre corruption, on les
accuſe du moins de nous détourner de p. 117.
l'exercice de la vertu. Ce reproche
auroit pu avoir quelque fondement
dans ces miſérables ſociétés où chacun travailloit ſon jardin & ſon
champ ; en effet le peu de temps qui
reſtoit après les travaux de l'Agriculture n'étoit pas de trop ſans doute
pour les devoirs du ſang & de l'humanité & pour l'éducation des enfans ; mais depuis qu'à la faveur de
l'aggrandiſſement des Etats , les
Citoyens ont pu ſe partager toutes
les fonctions utiles à la Patrie & à
la Société , depuis que les Malades
ſont ſoignés & guéris , les Malheureux ſoulagés & prévenus , les Enfans inſtruits par des gens qui en ont
acquis par état les talens ou le droit ,
& qui s'en acquittent mieux que le
reſte des Citoyens ne pourroit le faire , il faut convenir que le nombre
de ces occupations journalières de

la vertu eſt infiniment diminué , &
qu'on peut ſans crime ſe réſerver du
loiſir pour l'étude. (*)

C'eſt la mauvaiſe conſtitution des
États anciens qui rendoit la pratique
de la vertu pénible & aſſujettiſſante ;
aujourd'hui la charité , l'humanité ,
les mœurs ont leurs Miniſtres & leurs
établiſſemens ; les Grands y contribuent par leur pouvoir , les Riches
par leurs libéralités , les pauvres par
leurs ſoins ; ce que la vertu a de
rebutant a été le partage volontaire
& a fait la gloire de certaines Ames
choiſies : le reſte de ſes devoirs diviſé
en pluſieurs parties a été rempli ſans
peine , & par cette ſage diſtribution
un plus grand effet a été produit avec

(*) J'ai prétendu que l'éducation des Perſes , que l'on vou-loit nous faire regret-ter , étoit fondée ſur des principes barba-res : on a fait ſur cet article une réponſe très judicieuſe , mais dans laquelle on a ha-bilement oublié cette ridicule multiplicité de Gouverneurs , l'un pour la tempérance , l'autre pour le coura-ge , un autre pour ap-prendre à ne point mentir , ſur laquelle ma Critique étoit prin-cipalement appuyée ; ainſi il ſe trouve qu'en faiſant une lon-gue réponſe , on n'a pourtant pas répondu.

p. 112.

beaucoup moins de forces ; nos mœurs font d'autant plus parfaites, que les vertus s'y placent & y agiſ-ſent librement & ſans effort , & que confondues dans l'ordre commun elles n'ont pas même l'eſpoir d'être admirées.

L'ANTIQUITÉ a célébré comme un prodige les égards de Scipion pour une jeune Princeſſe que la Victoire avoit fait tomber entre ſes mains , & parce qu'il ne fut pas un monſtre de brutalité , on nous le *p. 72.* propoſe encore comme un modéle héroïque ; pour moi je ne ſçaurois admirer Scipion, à moins que je ne mépriſe ſon ſiécle ; une action dont le contraire ſeroit un crime, n'a pu paroître merveilleuſe que parmi des mœurs barbares ; c'étoit un héroïſme alors , aujourd'hui nous n'y voyons qu'un procédé.

PARCE QUE nous avons des milliers de perſonnes de l'un & de l'autre ſéxe qui ſe conſacrent volontairement à une chaſteté ſurnaturelle , & qui ſe ſont ôté juſqu'aux moyens

de manquer à leur ferment ¨, on en
conclud *que la chafteté eft devenue par-*
mi nous une vertu baffe , monacale &
ridicule ; mais ceux qui s'y dévouent
ne font-ils plus partie de notre Nation ? la Religion qui confeille ces
facrifices , les Loix qui les autori-
fent , ne font-elles pas partie de nos
mœurs ? cette diffolution audacieufe
qu'on nous reproche & que je fuis
bien éloigné de défendre a-t-elle
donc gagné tous les ordres de l'Etat ?
N'eft-il pas évident au contraire
qu'elle n'exifte que dans une petite
portion de la fociété ? doit-on flétrir
la Nation entière pour la corruption
de quelques-uns de fes membres ?
Il y a plus ; fi je confidère la totalité du Genre-humain , je vois des
Peuples chez qui les femmes font
communes , une foule d'autres qui
en raffemblent pour leurs plaifirs autant qu'ils peuvent en nourrir , le
divorce permis dans toute l'antiquité
parmi ces Nations qu'on admire tant;
l'union indiffoluble de deux perfon-
nes eft le plus haut point de la perfection naturelle , & nous l'avons
adoptée : nous faifons partie du très-
petit

p. 72.

petit nombre de Peuples qui ont mis
cette haute perfection dans leurs
Loix ; elle n'eſt pas ſans doute au
même degré dans nos mœurs ; c'eſt
que la foibleſſe humaine ne le permet pas ; plus la Loi eſt parfaite ,
plus elle eſt ſujette à être violée.

C'EST par une ſuite de cette même
injuſtice qu'on oſe nous faire un crime de l'attention même que nous
avons à purger le théatre d'expreſ-
ſions groſſières : *c'eſt* , dit-on , *parce* p. 69.
que nous avons l'imagination ſalie, que
tout devient pour nous un ſujet de
ſcandale : faudra-t-il en conclurre
auſſi, que ceux qui ſe plaiſoient aux
obſcénités de Scarron & de Mont-
Fleury avoient l'imagination pure ?
ces conſéquences ſeroient à peu-près
auſſi probables l'une que l'autre.

L'AUTEUR couronne ſa Satyre p. 75.
par ce trait : *tous les Peuples barbares ,*
ceux même qui ſont ſans vertu , hono-
rent cependant toujours la vertu ; au
lieu qu'à force de progrès , les Peuples
ſçavans & philoſophes parviennent en-
fin à la tourner en ridicule & à la mé-
H

prifer ; c'eſt quand une Nation eſt une fois à ce point, qu'on peut dire que la corruption eſt au comble , & qu'il ne faut plus eſpérer de remédes.

Sɪ l'on juge de la feconde Partie de cette propoſition par la première, la réfutation n'en fera pas difficile : perfuadera-t-on en effet que l'humanité & le pardon des injures foient fort en honneur chez ces Peuples qui fe font un devoir & un mérite de manger leurs ennemis , que la chaſteté , la pudeur & la modeſtie foient bien honorées dans un ferrail , où le luxe de la volupté renferme autant de femmes qu'on en peut nourrir , ou parmi ces hommes qui font tout nuds & chez qui les femmes font communes ? La foumiſſion aux Loix fera-t-elle révérée par des Peuples qui n'en ont point ? La Juſtice, la Foi, la généroſité inſpireront - elles quelque reſpeɕt à ces Nations errantes qui ne vivent que de brigandage? D'un autre côté , comment ofe-t-on imputer à une Nation d'être parvenue à tourner la vertu en ridicule & à la méprifer , tandis que fa Reli-

gion, son Gouvernement, ses Loix,
ses établissemens, ses usages, le cri
public enfin, tout dépose, tout veille
en faveur de la vertu ? Combien
comptera-t-on d'hommes parmi nous
coupables d'un si criminel excès ?
est-il permis au zéle même d'exagé-
rer avec si peu de vraisemblance !

ENFIN, ou il faut soutenir que la
vertu est précisément dans l'instinct,
qu'elle est fondée sur l'erreur & les
préjugés , qu'elle doit marcher en
aveugle & au hazard ; ou il faut
avouer que tout ce qui étend l'esprit
& éclaire la raison , que les Sciences en un mot sont ses guides, ses
soutiens, ses flambeaux : nos senti-
mens sont conduits par nos idées ; si
nous voyons mal , si nous ne voyons
pas tout, des notions fausses produi-
ront à la fois des préjugés & des passions : il n'y a qu'une vérité unique :
dans les idées elle est la Science ,
dans les mœurs elle est la Vertu ; la
plus haute Science mise en action,
seroit la Vertu la plus parfaite.

QUE l'on objecte les vices de

quelques Sçavans , qu'eſt-ce que cela fait à la queſtion ? prouvera-t-on jamais que les Sciences en ſoient la cauſe ou l'effet ? Le plus grand nombre des gens de Lettres a toujours été reſpectable par ſes mœurs, même parmi ceux qui habitent les Cours : malheureuſement tous les mauvais procédés qu'ils peuvent avoir ſont publics , au lieu que les noirceurs des autres claſſes demeurent enſevelies dans l'obſcurité. (*) Au reſte, que des connoiſſances imparfaites produiſent des Vertus qui le ſont auſſi ; il n'y a rien là que de conforme à mes principes : nos Sciences ſont au berceau , nous te-

_p. 93._ (*) _Je ſuis ſûr_ , dit M. Rouſſeau , _qu'il n'y a pas actuellement un Sçavant qui n'eſtime beaucoup plus l'éloquence de Cicéron que ſon zéle , & qui n'aimât infiniment mieux avoir compoſé les Catilinaires que d'avoir ſauvé ſon pays._

C'eſt aſſurément un très-bon uſage pour n'être pas contredit dans une diſpute , que celui de donner ſes perſuaſions pour des preuves : quand je citerois tous nos Sçavans illuſtres , quand j'en appellerois à leurs ouvrages & à leurs mœurs, quand même ils certifieroient de leur propre main le contraire de ce qu'on leur impute , on ſeroit toujours en droit de me dire qu'on eſt ſûr : la queſtion eſt terminée par ce ſeul mot.

nons à la barbarie par mille côtés :
n'avons-nous pas encore des haines
de Nations, des Guerres, des Com-
bats finguliers ? tant d'ignorance qui
nous refte ne peut être fans beaucoup de vices.

A l'égard des Arts , j'avouerai
qu'ils ne font pas à beaucoup près
auffi irréprochables que les Sciences ; ils tiennent au plaifir , & le
plaifir eft aifément fufpect ; mais
leurs abus font-ils néceffaires ? c'eft
ce que l'on n'a point prouvé & ce
que l'on ne prouvera jamais ; que
l'on en ait abufé fouvent , qu'on en
eût même abufé toujours , il refte-
roit encore à démontrer qu'il eft
impoffible de n'en pas abufer ; c'eft
à quoi l'on ne parviendra point :
rien de plus aifé à réprimer , par
exemple , que les abus des Spectacles ; les Gouvernemens peuvent
tout en cette partie , & ils pourront tout quand ils voudront fur
ceux de l'Imprimerie. Pour abreger,
je cite ces deux exemples comme
les plus importans : on ne détruira
jamais tous les vices, parce qu'il fau-

droit détruire les hommes, mais on en affoiblira le nombre & la qualité, ils cesseront d'être publics & tolérés, on les obligera à se cacher & à rougir, & la corruption n'existera plus.

QUE les Arts au reste parent notre existence & nos besoins, qu'ils nous ôtent cette vieille dureté de mœurs qui a pu se faire respecter, mais qui se faisoit haïr ; que le monde reçoive d'eux des couleurs riantes & agréables, je ne vois là que des sujets de reconnoissance ; pour quelques qualités admirables que nous aurons peut-être perdues, nous en gagnerons cent aimables ; qu'importe ? les hommes ont besoin de s'aimer & non de s'admirer.

C'EST ainsi qu'à mesure que les Sciences & les Arts ont fait plus de progrès, l'autorité est devenue plus puissante à la fois & plus modérée, & l'obéissance plus fidéle ; les subordinations de toute espéce ont été adoucies ; l'humanité n'a plus borné ses devoirs dans le sein d'une Ville ou d'une Nation , elle eſt devenue univerſelle ; les miſères & les crimes de la guerre ont été infiniment diminués ; le droit des gens a étendu ſes limites , & affermi ſes principes ; la politique a été purgée de ces crimes d'état ſi fréquens autrefois , & que l'ignorance regardoit comme néceſſaires ; l'émulation enfin a établi entre tous les Peuples un échange & un commerce nouveau de leurs bonnes qualités , de leurs talens & de leurs connoiſſances.

Les Vertus civiles n'ont pas fait moins de progrès : elles ont acquis de l'élévation & de la délicateſſe ; une habitude de bienveillance générale a embelli tous les devoirs & les a rendus faciles ; la bonté a appris à avoir des égards ; la pitié s'eſt offerte avec reſpect ; la ſociété civile s'eſt étendue , elle eſt devenue le plus précieux des biens , elle a multiplié les liens de l'honneur & du reſpect humain en multipliant les rapports ; toutes les paſſions ont été affoiblies ; la bienſéance a eu des chaînes , & la décence des graces ; les vertus ont daigné plaire.

TELS font les biens que l'ignorance n'a pas connus, & dont nous
jouiffons : mais je dirai plus ; quand
toutes les hyperboles de nos Adverfaires feroient vraies , dès qu'une
fois les Sciences exiftent , dès qu'il
eft prouvé , comme il l'eft en effet,
qu'elles ne peuvent pas ne pas exifter , par le progrès néceffaire des
chofes politiques , par nos befoins naturels , & par la nature même
de l'efprit humain , nous devrions
abjurer une Satyre inutile , injurieufe
à l'Auteur de notre être , uniquement propre à nous avilir , & plus
funefte mille fois aux mœurs que les
vices qu'on nous fuppofe , par le
découragement où elle jetteroit toutes les Ames : il y auroit de la cruauté
à nous reprocher la grandeur de nos
maux , en traitant de fou quiconque
entreprendroit de les guérir ; l'humanité doit indiquer les remédes en
même-temps que le mal.

J'AI fait voir combien ces remédes étoient poffibles & faciles ; en-
courager les connoiffances utiles ,
veiller fur les abus des autres , voilà

notre devoir : la société la plus parfaite sera celle où les Sciences & les
Arts seront le plus cultivés sans nuire
aux mœurs, à l'obéissance, au courage, à tout ce qui sert à la constitution de la Patrie, & à son bien-
être. (*)

(*) Ce Discours étoit fini, lorsque la Préface que M. Rousseau a mise à la tête de sa Comédie intitulée *l'Amant de lui-même*, est tombée entre mes mains : l'Auteur y relève très-bien quelques abus de la Philosophie & des Lettres, & je suis le premier à souscrire à bien des égards à sa censure ; mais comme la plûpart de ces abus sont très-rares, que tous sont exagérés, & qu'il n'y en a aucuns qui soient universels ou nécessaires, il s'ensuit seulement que pour être Philosophe ou Sçavant, on n'est pas par là même nécessairement exempt de tout vice & de toute passion, proposition que personne n'a contestée & ne contestera jamais : toutes ces objections ont d'ailleurs été ré-futées, & prévenues dans le Discours qu'on vient de lire.

Quelques endroits de cette Préface me paroissent cependant mériter des observations.

On nous dit par exemple, *que dans un Etat bien constitué tous les Citoyens sont si bien égaux que nul ne peut être préféré aux autres comme le plus sçavant, ni même comme le plus habile, mais tout au plus comme le meilleur; encore cette dernière distinction est-elle souvent dangereuse, car elle fait des fourbes & des hypocrites.*

Eh quoi ? pas la moindre distinction entre le Magistrat & le simple Citoyen, le Général & le Soldat, le Législateur & l'Artisan ? Quoi ? toute vertu sera suspecte de fourberie ou d'hypo-

crifie, & doit par con-
féquent reſter ſans pré-
férence ? Quoi ? tout
ce qu'il y a d'eſtima-
ble au monde eſt pour
jamais anéanti d'un
trait de plume ? le Gen-
re humain n'eſt plus
qu'un vil troupeau ſans
diſtinction d'eſprit, de
raiſon , de talens & de
vertus même ? A la
bonne-heure ; mais
qu'il me ſoit permis
du moins de deman-
der dans quels climats
dans quels ſiécles exiſta
jamais cet Etat bien
conſtitué , & ſur quels
fondemens on appuie
ſon exiſtence , après
qu'on en a détruit
tous les reſſorts ?

*Le goût des Lettres ,
de la Philoſophie , &
des beaux Arts, anéan-
tit l'amour de nos pre-
miers devoirs, & de la
véritable gloire: quand
une fois les talens ont
envahi les honneurs
dûs à la vertu, cha-
cun veut être agréa-
ble, & nul ne ſe ſoucie
d'être un homme de
bien: de là naît encore
cette autre inconſé-
quence , qu'on ne ré-
compenſe dans les hom-
mes que les qualités
qui ne dépendent pas
d'eux; car nos talens
naiſſent avec nous ,*

*nos vertus ſeules nous
appartiennent.*

Voilà un endroit qui
ſera parfait , quand
on aura prouvé ſeule-
ment trois choſes:
1°. que l'amour de nos
premiers devoirs &
celui de la Philoſo-
phie ſont en contra-
diction ; 2°. qu'il eſt
impoſſible d'être agréa-
ble & d'être homme
de bien ; 3°. que par-
tout où il y aura des
récompenſes pour les
talens , il ne peut plus
y en avoir pour les
vertus.

On ajoute : *le goût
des Lettres , de la Phi-
loſophie & des beaux
Arts amollit les corps
& les ames ; le tra-
vail du Cabinet rend
les hommes délicats,
affoiblit leur tempé-
rament, & l'ame garde
difficilement ſa vigueur
quand le corps a perdu
la ſienne.*

On avoit toujours
cru que l'extrême vi-
gueur du corps nuiſoit
à celle de l'eſprit ;
mais apparemment on
ſuppoſe ici le travail
de l'étude pouſſé juſ-
qu'à la défaillance. Au
reſte, on ne peut pas
mieux s'y prendre pour
prouver qu'il n'y a
point d'Ames plus foi-

bles que celles des Phi-
lofophes : que pour-
roit-on oppofer à ce-
la ? tout au plus l'ex-
périence.

L'Etude ufe la ma-
chine , épuife les ef-
prits , détruit la force,
énerve le courage, &
cela feul montre affez
qu'elle n'eft pas faite
pour nous ; c'eft ainfi
qu'on devient lâche &
pufillanime , incapable
de réfifter également à
la peine & aux paf-
fions.

C'eft donc l'appli-
cation à l'étude qui
nous rend incapables
de vaincre les paffions,
c'eft la force du corps
qui nous met en état
de leur réfifter : affuré-
ment ces Paradoxes
ont au moins le mérite
de la nouveauté.

On n'ignore pas quel-
le eft la réputation des
Gens de Lettres en fait
de bravoure ; or rien
n'eft plus juftement fuf-
pect que l'honneur d'un
Poltron.

Il eft vrai qu'on ne
s'eft point encore avifé
de choifir des Grena-
diers parmi des Acadé-
miciens ; mais il eft à
remarquer qu'on en
ufe de même à l'égard
des Magiftrats & des
Miniftres de la Reli-

gion : en conclurra-
t-on que tous ces gens-
là font fans honneur ?
N'y auroit-il donc plus
de vertu dans le fein
paifible des Villes , &
ne fe trouveroit - elle
que dans les Camps,
les armes à la main,
pour fe baigner dans
le fang des hommes ?

Plus loin je trouve
ces mots : *c'eft donc*
une chofe bien mer-
veilleufe que d'avoir
mis les hommes dans
l'impoffibilité de vivre
entr'eux fans fe préve-
nir , fe fupplanter , fe
tromper , fe trahir , fe
détruire mutuellement;
il faut déformais fe
garder de nous laiffer
jamais voir tels que
nous fommes ; car pour
deux hommes dont les
intérêts s'accordent ,
cent mille peut - être
leur font oppofés , &
il n'y a d'autre moyen
pour réüffir, que de
tromper ou perdre tous
ces gens-là.

Voilà encore une
propofition forte, bien
capable d'en impofer
à des Lecteurs foibles
& inattentifs : il s'agit
de la rendre vraie , &
je dis; pour deux hom-
mes dont les intérêts
font oppofés, cent mil-
le peut-être font d'ac-

cord : en effet quelle multitude d'intérêts communs n'avons-nous pas , comme Amis , comme Parens, comme Citoyens, comme Hommes ? sur la totalité du Genre-humain, de ma Nation, ou de ma Ville, combien rencontrerai - je d'intérêts opposés? j'en vois, il est vrai, dans la concurrence de la même profession , qui est la source la plus ordinaire des prétentions aux mêmes choses ; là je conviens qu'on peut se laisser corrompre par la rivalité ; mais les trahisons , les violences , les noirceurs, arrivent-elles tout aussitôt ? les Loix , le respect humain , l'honneur, la Réligion , l'intérêt personnel attaché au soin de la réputation , sont - ce toujours des contre - poids impuissans contre les tentations de la cupidité ? quand on veut apprécier ces hyperboles énormes , on est tout étonné de voir à quoi elles se réduisent.

Il en est de même de celles-ci : *il est impossible à celui qui n'a rien d'acquerir quelque chose ; l'homme de bien n'a nul moyen de sortir de la misère ; les frippons sont les plus honorés , & il faut nécessairement renoncer à la vertu pour devenir un honnête homme.*

Que suppose-t-on ? que parmi nous il n'y a absolument aucune voie honnête pour acquérir des richesses ou de la considération, ce qui est si manifestement contraire à l'évidence qu'il seroit ridicule d'entreprendre seulement de le réfuter.

Je n'aurois pas même relevé des propositions si insoutenables, si l'amour de mon siécle & de ma Nation ne m'eût fait un devoir de repousser les calomnies dont on veut les flétrir aux yeux de la postérité ou des autres Peuples , près de qui notre silence eût pu passer pour un aveu tacite des crimes qu'on nous impute.

Le beau portrait du Sauvage que l'on trace ensuite avec tant de complaisance , prouve très-bien qu'il n'a pas les vices de la Société, parce qu'en effet il ne peut pas les avoir.

puifqu'il n'y vit pas ;
mais par la même con-
féquence il eſt évident
auſſi qu'il n'en a ni les
vertus ni le bonheur ;
il n'y a point de ver-
tus , qui comme nous
l'avons dit , ne ſuppo-
ſent ou ne produiſent
l'union des hommes ;
la vie ſociale eſt donc
la ſource ou l'effet
néceſſaire de toute
vertu : la vie ſauvage
qui ſuppoſe la haine ,
le mépris , ou la dé-
fiance réciproque , eſt
un état qui dans un
ſeul vice les comprend
tous.

On décide encore ,
que *l'Homme eſt né
pour agir & penſer , &
non pour réfléchir ; la
réflexion ne ſert qu'à le
rendre malheureux ,
ſans le rendre meil-
leur , &c.*

Répondrai-je ſérieu-
ſement à des conclu-
ſions qui marquent ſi
viſiblement l'extrémité
où l'on eſt réduit ?
Prétendre que l'Hom-
me doit *penſer* & ne
doit pas *réfléchir* , c'eſt-
dire à peu - près en
termes équivalens qu'il
doit *penſer & ne point
penſer.* D'ailleurs qu'au-
rois-je à répondre ? On
ne croit pas pouvoir
faire le Procès aux

Sciences ſans proſcrire
en même-temps *toute
réflexion* , c'eſt-à-dire
toute raiſon & toute
vertu , & ſans détruire
l'eſſence même de l'A-
me ; aſſurément , c'eſt
m'accorder beaucoup
plus que je n'aurois
oſé ſouhaiter.

Enfin on conclud
*qu'on doit laiſſer ſub-
ſiſter & même entre-
tenir avec ſoin les Aca-
démies , les Colléges ,
les Univerſités , les Bi-
bliothéques , les Specta-
cles , & tous les autres
amuſemens qui peu-
vent faire diverſion à
la méchanceté des Hom-
mes , & les empêcher
d'occuper leur oiſiveté
à des choſes plus dan-
gereuſes , &c.*

On ſent aſſez les
avantages que je pour-
rois tirer de cette con-
ſéquence où on eſt for-
cé , ainſi que des mo-
tifs qui y ont déter-
miné ; mais ce Diſ-
cours n'eſt déja que
trop long. Enfin nous
ſommes d'accord : il
faut conſerver & cul-
tiver les Lettres , c'eſt
ce que j'avois dit , c'eſt
ce qu'on eſt contraint
d'avouer : quelques
traits de Satyre de plus
ou de moins font dé-
ſormais toute la dif-

férence de nos senti-mens à l'égard des Sciences : ce n'est pas la peine d'en parler davantage.

Au reste, ce n'est qu'à regret que je suis entré dans ces détails, que j'aurois sans doute omis, si je n'avois craint de trahir la jus-tice de la cause que je défends : je prie mon Adversaire de se sou-venir que lui-même m'en a donné l'exem-ple le premier : la force & la vivacité de ses Epigrammes, son éloquence énergique qui sçait répandre le ton de la persuasion sur tout ce qu'il trai-te, ne m'ont permis de négliger aucuns des moyens que j'avois de me défendre, & de prévenir les Lecteurs contre les traits char-gés d'une Satyre ingé-nieuse, utile si l'on sçait la renfermer dans de justes bornes, mais dangereuse pour qui voudroit en adopter tous les excès.